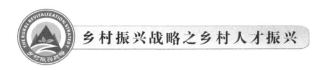

乡村振兴战略之乡村人才振兴

林下高效生态种养技术

李 军 赵秀彩 周建忠 主编

Linxia Gaoxiao Shengtai Zhongyang Jishu

U0247330

中国农业科学技术出版社

图书在版编目（CIP）数据

林下高效生态种养技术／李军，赵秀彩，周建忠主编. —北京：中国农业科学技术出版社，2019.1

ISBN 978-7-5116-3972-1

Ⅰ.①林… Ⅱ.①李…②赵…③周… Ⅲ.①经济林-间作-经济植物-栽培技术②畜禽-饲养管理 Ⅳ.①S56②S344.2③S815

中国版本图书馆 CIP 数据核字（2018）第 289074 号

责任编辑	张志花
责任校对	马广洋

出 版 者	中国农业科学技术出版社
	北京市中关村南大街 12 号　邮编：100081
电　　话	(010)82106636(编辑室)　(010)82109702(发行部)
	(010)82109709(读者服务部)
传　　真	(010)82106631
网　　址	http://www.CASTP.cn
经 销 者	各地新华书店
印 刷 者	北京建宏印刷有限公司
开　　本	850 mm×1 168 mm　1/32
印　　张	6.75
字　　数	175 千字
版　　次	2019 年 1 月第 1 版　2019 年 9 月第 3 次印刷
定　　价	29.80 元

前　言

　　林下经济自 21 世纪初开始在我国兴起，随着林下经济活动成就的取得，林下经济得到社会的普遍重视。在大力提倡生态农业的背景下，在各地政府、主管部门、科研人员和农林业从业者等多方力量的推动下，走生态优先、绿色发展之路，大力发展绿色生态产业，着力构建生态产业体系，实现高质量发展、绿色发展，林下种养在全国范围内得以迅速发展，成为与传统林业和现代农业并存的林业发展形式。

　　各地发展实践证明，发展林下经济不仅能起到近期得利、长期得林、远近结合、以短补长、协调发展的产业化效应，而且还调整了农林产业结构，促进了农村经济发展，大大增加了农民收益。但发展林下经济必须因地制宜，不可照搬乱套。各地可根据自身的条件，如现有环境、技术专长、兴趣爱好、资金实力和市场行情等因素，按照可持续发展的观点，在保护好生态功能和管好生物资源的前提下，因地制宜，综合考虑，最后确定适合本地的林下经济模式，把风险降到最低。

　　本书对林下粮食、蔬菜、食用菌、药材等种植技术以及林下养鸡、养鸭、养猪、养牛、养羊等养殖技术进行了介绍，以期为林下种植、养殖户提供指导。

　　由于本书涉及面广，实践性较强，加之时间较仓促，如有不当之处欢迎广大读者批评指正。

编　者

2018 年 9 月

目　　录

第一章　林下粮食种植技术

林粮模式可以为林地增加绿肥，同时提高土地利用率，还可以达到以耕代抚的目的，而且使片林当年就有收益。林粮间作这种模式技术简单，当年有效益，容易被农民接受。

第一节　林下种植粮食概述

一、林粮模式

林粮模式是在经济林造林初植密度为 3m×4m 的行间进行林粮间作。林下可种植小麦、花生、大豆、棉花、甘薯、绿豆等作物。林粮间作期于植树后 1~3 年内进行，4 年后树木郁闭就不能进行间作了。也可林间甘薯、大豆倒茬种植，第 1、第 3 年种大豆，隔年种一茬甘薯倒茬。这种种植方式可以为林地增绿肥，同时提高土地利用率，还可以达到以耕代抚的目的，而且使片林当年就有收益。林粮间作这种模式技术简单，当年有效益，容易被接受。但林粮间作要掌握一个原则，即林木行间严禁种植玉米等高秆作物。

二、经济效益示例

果树与黄豆套种，1 亩（15 亩＝1hm²，全书同）地可收获干黄豆 150kg，按保守市场价 5.0 元/kg 计，每亩可获得 750 元收入。而且黄豆的根瘤菌具有固氮作用，秸秆、叶片也是很好的有机肥，套种之后可以改良土壤，为果树生长提供优质的养分。这样的话，在果树还未成长起来的前几年，套种黄豆可以为种植果树的农民创造一部分额外的收入，弥补果树生长投入期没有收益的问题。

第二节　林下主要粮食种植技术

一、花生

花生为豆科作物，优质食用油主要油料品种之一，又名"落花生"或"长生果"。

（一）栽培技术

1. 播前准备

（1）选择适宜土壤，平整好土地。花生不宜重茬，一般连作 2 年减产 10%，连作 3 年减产 30%，所以要与其他作物轮作换茬。因此，应选择地势平坦、能灌能排、土层深厚、土质疏松、肥力较高的未连续种植花生的砂壤土或半沙半泥土，以带植轮作、换土轮作为好。为确保土壤上松下实，通透性良好，改善土壤物理性状，具有较高的土壤肥力，一般深翻达 20~25cm，做到土细干爽、上虚下实、垄面平整。地膜覆盖栽培的以 83~100cm 开厢起垄，垄高 15cm，垄坎垂直，垄沟深 15~20cm。

（2）使用良种。选用优质高产的品种，种子要求具有双仁饱果率高、整齐度好、网纹清晰、大小适中、外形美观、结果集中、易收刨等特点，以提高其商品价值、市场竞争力和劳动生产率。

（3）种子处理。主要使用花生种衣剂拌种，也可使用药剂处理。在播种前选晴天中午，连壳晒种 5~6 小时，连续晒 2~3 天，再剥壳选种。要选择种仁饱满，充实完整，无质变、无虫害的种子作种。花生籽粒分前后段，应分区段播种，有利于提高全土出苗的整齐度。播种前每20kg种子用25%多菌灵100g加水8.3kg（浓度0.3%）浸种后，再用90%钼酸铵10g与种子混合拌匀，宜现混现播，不要过夜，以免影响种子发芽。

用花生种衣剂处理的，在使用前先将种衣剂充分搅动均匀，按药种比1:50将种衣剂与花生种仁同时倒入准备好的干净干燥的桶或其他容器内迅速搅拌均匀后即可播种。经过处理的种子不可食用或饲用。

（4）平衡施肥。要根据花生生产水平、土壤主要养分的丰缺等因素确定施肥量，每生产50kg荚果需要吸收氮3kg、磷0.5kg、钾1.5kg，其中一部分氮素来自根瘤菌。底肥应以有机肥为主，化肥为辅，氮磷钾配合施用，每亩用优质土杂肥2 500~3 000kg，配合5kg尿素、30kg钙镁磷肥、10kg氯化钾或100kg草木灰混匀，在整地时深施匀施。应重底早追，酸性土和花生重茬地每亩还要增施生石灰25~30kg。老冲击黄泥土缺钙，还应亩施煤灰500~750kg，以减少瘪果。

2. 适时早播，合理密植

（1）地膜覆盖播种量及密度。花生播种出苗要求地表5~10cm土层温度稳定达到12℃以上，因此，地膜覆盖栽培在3月上旬播种，比露地栽培提早20天左右上市鲜销。露地栽培3月底至4月初播种。

花生种子在30℃左右催芽18~20小时，粉嘴后，在已盖地膜的厢面上划"十"字口打孔播种。每厢错窝播两行，行边距15~18cm，83cm开厢的窝距16.7cm，100cm开厢的窝距13.3cm，亩植0.9万~1万窝，每窝2粒平放，单株栽培每亩1.4万株左右。播种深度以3~4cm为好，然后回膜盖土。

（2）露地栽培播种量及密度。间作亩播量10kg，亩植4 000~5 000窝，净作亩播量20kg，亩植9 000~10 000窝，行窝距40cm×17cm。

（3）喷除草剂。播种后，亩用都尔150mL或乙草胺200mL对水50kg均匀喷洒厢面后及时盖膜。双子叶杂草多的土块宜选用都尔，喷药后切忌翻动土层并要及时盖膜保墒、保温。

（二）管理技术

1. 破膜放苗、清棵蹲苗、查窝补缺

地膜覆盖栽培的在播种后半月左右，当子叶出土时用小尖刀破膜放苗，做到出一棵放一棵，防止高温烧苗。当80%的幼苗达到3片真叶时，3天内用灰扒子将花生幼苗周围泥土向四周扒开，使两片子叶及子叶叶腋的侧芽露出土面，见到阳光，以利第一对侧枝（结荚占全株产量的60%~70%）的正常发育，幼苗生长健壮，同时起到蹲苗的作用。基本齐苗后，要及时进行查苗补缺，补种种子最好做到浸种催芽（以仅露胚根为宜）；补苗以苗龄3~4叶的小苗带土移栽为好。

2. 根外施肥

花生叶面施肥具有肥料吸收利用率高、节约用肥、增产显著的效果。叶面施用氮肥，花生植株吸收利用率达55.5%以上，饱果数明显增加，经济系数显著提高；叶面施用磷肥，一般可增产7%~10%；叶面施用铝、硼、锰、铁等微肥，一般可增产8%~10%。氮、磷、钾、钙等大量元素及钼、硼、锰、铁等微量元素均可叶面施用。

在生产中可根据实际情况任选下面一种或几种进行施用。

（1）叶面施用氮肥。称取尿素0.5kg，用清水50kg充分搅拌溶解为1%的尿素水溶液。花生生育中后期如有脱肥现象，或花生生长期连续降雨，土壤渍水，根系吸收养分困难时，即可喷施。

（2）叶面施用磷肥。花生对磷的吸收能力较强，在生育中、后期叶面喷施2%~3%的过磷酸钙水溶液，可增加光合产物向荚果运转的速率，提高荚果产量。具体方法是将1~1.5kg过磷酸钙放 50kg 清水中，搅拌浸泡，经 1 昼夜后，取其上层澄清液施用，一般每隔 7~10 天喷施一次，连喷 2~3 次，每次每亩喷 60kg 左右。要注意彻底去掉残渣，以免伤害叶片。

（3）氮、磷混施。在缺磷又缺氮的花生田，可以喷 1% 的尿素和 2% 的过磷酸钙混合液，既省工，效果又好。混合液的配制方法是在 50kg 的 2% 过磷酸钙水溶液中加入尿素 0.5kg。

（4）叶面施用钾肥，一般用草木灰配制。配制方法是取未经雨淋的草木灰 2.5~5kg，加水 50kg 充分搅拌，浸泡 12~14 小时，取其澄清液，即为 5%~10% 的草木灰浸出液，每亩每次喷施 60kg 左右。也可采用硫酸钾或氯化钾水溶液，配制方法是在 50kg 清水中加入硫酸钾或氯化钾 1kg，搅拌溶解后即成 2% 的硫酸钾或氯化钾水溶液，每亩每次喷施 60kg。

（5）磷、钾合用。取干草木灰 2.5kg，加水 20~25kg 浸泡，同时取过磷酸钙 1kg，撒入浸泡液中，充分搅匀，半天后过滤出清液，余下的再加水 10kg 浸泡过滤，然后合并 2 次的过滤液，对水至 50kg，即为土法制造的磷酸二氢钾，每次每亩喷施 60kg，喷 2 次即有明显的增产效果。

花生叶面施肥要根据花生生长情况和生育时期确定施肥时间，一般应在生育后期施用。要选择无风阴天，或晴天上午 9 时前和下午 4 时后喷施，以增加叶片吸收量，防止伤害叶片，喷后 4 小时遇雨，应于雨后补喷。要严格掌握喷施浓度，浓度大易伤害叶片，造成肥害。喷药时要喷匀喷细，叶的正反面都要喷到。

3. 病虫害防治

（1）茎腐病。

症状：苗期子叶黑褐色，干腐状，后沿叶柄扩展到茎基部成黄褐色水浸状病斑，最后成黑褐色腐烂，后期发病，先在茎基部或主侧枝处生水浸状病斑、黄褐色后为黑褐色，地上部萎蔫枯死。

防治方法：茎腐病主要以种子带菌为主，连作病重，早播病重，因此应实行合理轮作，种子贮藏前要充分晒干，播前要进行晒种、选种，不用霉变、质量差的种子，做好种子消毒，用50%多菌灵按种子量0.3%进行药剂拌种。

（2）根腐病。

症状：茎基部水浸状，黄褐色，植株较矮，叶片自下向上干枯，主侧根变褐腐烂，后期只剩褐色干缩的主根。

防治方法：合理轮作，严格选种、晒种，用种子量0.3%的50%多菌灵拌种，发病初期用50%的多菌灵1 000倍液全田喷雾。

（3）叶斑病（主要包括褐斑病、黑斑病）。

症状：褐斑病病斑圆形、暗褐色，较大，病斑外缘有黄色晕圈，后期有灰色霉状物；黑斑病病斑圆形、黑褐色，病斑周围无黄色晕圈，病斑比褐斑病斑小。

防治方法：①合理轮作；②选用抗病品种；③高温多雨的7月、8月是防治叶斑病的重点时期，发病初期可喷洒50%多菌灵800倍液或75%百菌清可湿性粉剂600倍液或70%代森锰锌800倍液，每隔15天喷药1次，共喷2~3次。

（4）花生锈病。

症状：底叶最先开始发生，叶片产生黄色疱斑，小形，周围有很窄的黄色晕圈，表皮裂开后散出铁锈色粉沫，严重时叶片发黄，干枯脱落。

防治方法：发病初期用75%百菌清600倍液或25%粉宁500倍液全田喷雾。

（5）蚜虫。

症状：蚜虫不仅吸食花生汁液，也是传播病毒的主要媒介。

防治方法：花生蚜虫必须立足早治，用40%氧化乐果1 000倍液防治即可。

（6）地老虎、蛴螬。

症状：地老虎和蛴螬是地下害虫，不仅为害期长而且为害严重，常造成缺苗断垄现象。

防治方法：①合理轮作。②秋季深翻：秋季深翻可将害虫翻至地面，使其曝晒而死或被鸟雀啄食，减少虫源。③种子包衣：播前用种衣剂包衣，此方法也能有效的防止鼠害。④土壤处理：播前整地时，每公顷用3%颗粒剂呋喃丹22.5~30kg或3%甲拌磷颗粒剂22.5~30kg均匀撒施于田面，浅翻入土；或将呋喃丹、甲拌磷颗粒剂撒于播种沟内，之后播种；也可将杀虫剂拌入有机肥内做基肥使用。⑤防治幼虫：6月下旬和7月下旬在金龟子孵化盛期和幼龄期每公顷用辛硫磷颗粒剂35~45kg加细土250~300kg撒在花生根际，浅锄入土。也可用50%辛硫磷或90%敌百虫1 000倍液灌根。

（三）收获与加工

鲜花生销售一般在约六成熟时（7月上中旬），即可收挖上市。

二、大豆

大豆为豆科大豆属一年生草本植物，根据种皮颜色和粒形分为5类：黄大豆、青大豆、黑大豆、其他大豆（种皮为褐色、棕色、赤色等单一颜色的大豆）、饲料豆（一般籽粒较小，呈扁长椭圆形，两片子叶上有凹陷圆点，种皮略有光泽或无光泽）。由于它的营养价值很高，被称为"豆中之王""田中之肉""绿色的牛乳"等。

（一）栽培技术

1. 播前准备

（1）选茬。适宜大豆的前作为禾谷类作物，如小麦等。

（2）深耕整地。春播大豆在播种前深耕整地并结合施有机肥，夏大豆可利用前茬深耕施肥的后效，但播种前也要浅耕灭茬，为大豆生长创造一个良好的环境。

（3）种子处理。播种前将大豆晾晒、筛选，去掉硬粒、杂粒、病粒、秕粒、虫蛀粒。之后根瘤菌或微肥拌种。①根瘤菌拌种：每亩用根瘤菌剂 0.25kg，加水搅拌成糊状，避光条件下均匀拌种，拌种后不能混用杀菌剂，阴干后 24 小时播种。②微肥拌种：每千克种子用钼酸铵 0.5kg，溶于 20mL 水中，喷洒于种子上，阴干后播种。③种子包衣：用 2.5% 适乐时悬浮种衣剂按种子量的 0.2%~0.4% 进行包衣。

2. 适期播种

（1）播种时间。春播大豆在 4 月下旬至 5 月上旬播种，夏播大豆播种越早越好，最迟在 6 月 20 日前播完。

（2）播种方法。主要有穴播和条播两种，穴播每穴 2~3 粒种子。

（3）播种深度。3~5cm。

（4）播种量。春播每亩条播 5~6kg，穴播 3.5~4.0kg；夏播每亩条播 7.5~10kg，穴播 6.5~8kg。

（5）密度。行距 40cm，株距 10~15cm，春播每亩留苗 1.2 万~1.5 万株，夏播每亩留苗 1.5 万~2 万株。

（二）管理技术

1. 苗期管理

（1）查苗、补苗。大豆出苗后进行查苗、缺苗补苗，确保苗全，并及时间苗剔除疙瘩苗。达到苗全、苗壮是栽培中一个重要环节。补苗时可以补种或芽苗移栽。

（2）加强中耕培土。在间苗后立即进行中耕锄草，全生育期最少中耕 3~4 遍。中耕深度随根系生长状况由浅到深再浅的方式进行。随中耕锄草，向根部拥土，逐渐培起土埂，利于耐旱、抗倒、排涝。

（3）看苗追肥灌水。薄地没施底肥的，为保壮苗可在幼苗期追肥，每亩硝酸铵 5～7.5kg、过磷酸钙 7.5～15kg，对促进分枝形成及花芽分化均有很好作用，也有利根瘤菌和发育，增强固氮能力。如果缺墒要合理灌溉，能促花芽分化形成丰产株形。如果苗有徒长苗头，在第一片复叶展开时于晴天中午顺垄镇压豆苗，可起到压苗促根的作用。采取如上处理，可增加产量，据国内报道可增产 8.5%，国外报道可增产 13%。

2. 开花结荚期管理

开花结荚期主要争取花多、花早、花齐，防止花荚脱落和增花、增荚，这是此期管理中心。要看苗管理，保控结合，高产田以控为主，避免过早封垄郁闭，在开花末期达到最大叶面积为好。具体措施是封垄前继续锄草，看苗酌情给水肥，弱苗初花期追肥，壮苗不追肥防止徒长。花荚期追磷肥效果明显。此时大豆叶面积达到最大值，耗水量增大，蒸腾强度达到高峰，需水也达到高峰期。当叶片颜色出现老绿、中午叶片萎蔫时，要及时浇水，否则花荚脱落。

在盛花末期摘顶心（打去约 6.67cm 顶尖）可以防止倒伏，促进养分重新分配，多供给花荚。有限结荚习性品种及瘠薄土壤土的大豆不适合摘心。

高产田为防止倒伏和旺长，可以喷施矮壮素防倒。及时防治病虫害，否则到雨季会造成绝收。

3. 成熟期管理

成熟期是大豆积累干物质最多的时期，也是产量形成的重要时期。促进养分向籽粒中转移，促粒饱增粒重，适期早熟则是这个时期管理的中心。

这个时期缺水会使秕荚、秕粒增多，百粒重下降。秋季遇旱无雨，应及时浇水，以水攻粒对提高产量和品质有明显影响。

4. 病虫害防治

（1）顶枯病。

症状：多数大豆品种苗期不表现明显症状，只在叶片上出现少数锈状小点。典型症状出现在开花后，病株茎顶部向下弯曲成钩状，顶端嫩叶。芽和茎变褐，干枯易脱落，髓部也变褐色，坏死部分向下蔓延。叶柄上产生褐色坏死条纹，豆荚上也有不规则形褐色坏死斑，叶片常不表现症状。发病早的植株明显矮化，不结荚或结荚很少，有的不分枝。此外，病株还可出现矮化、花芽及复叶丛出、节膨大、叶呈非正常深绿色症状，至收获季节往往贪青还保持深绿，多不结实，病株种子外观正常，不产生褐斑粒。

防治方法：①选育抗病品种和采用无毒种子。②防治蚜虫可减少病毒病为害，在苗期喷2.5%敌杀死乳油5 000倍液或40%氧化乐果2 000倍液；也可每亩用3%呋喃丹粉剂2kg混湿润细土15kg在播种时顺豆垄撒施，兼治蛴螬及孢囊线虫。

（2）孢囊线虫病。

症状：苗期染病，子叶和真叶变黄，生育停滞枯萎。植株矮小，花芽簇生，节间短缩，开花期延迟，不能结荚或结荚少，叶片黄化。重病株花及嫩荚枯萎、整株叶由下向上枯黄似火烧状。根系染病，主根一侧鼓包或破裂，露出白色如面粉粒的孢囊；根很少或不结瘤，由于孢囊撑破根皮，根液外渗，致次生土传根病加重或造成根腐。

防治方法：①选用抗病品种。②合理轮作。③药剂防治：可用甲基异柳磷水溶性颗粒剂，每亩300~400g有效成分在播种时用器械撒施在沟内；也可用3%克线磷5kg拌土后穴施。虫量较大地块每亩用3%呋喃丹颗粒剂2~4kg或5%甲拌磷颗粒剂8kg或10%涕灭威颗粒剂2.5~5kg撒施；也可用98%棉隆5~10kg或D-D混剂40kg在播前15~20天沟施。

（3）细菌性病害（包括斑点病和斑疹病，又叫叶烧病）。

症状：叶片、叶柄、茎及种荚上均可发病，以叶片为主。细菌性斑点病在叶片上初形成褐色不规则形水渍状的小斑，后扩大成多角形或不规则斑点，大小3~9mm，病斑中间干枯呈黑色，边缘有黄色晕环。病叶由于受细菌分泌毒素的影响，叶绿素含量显著减少而变黄。夏季遇多雨气温降低，病斑迅速扩大呈不规则的大斑，病部干枯后易脱落使叶片呈破碎状。病株底叶往往早落。子叶发病在边缘形成暗褐色斑，病苗生长受阻或枯死。荚上症状为小型水渍状斑，后扩展至荚的大部分，变成暗褐色，种子受病后表面包被一层细菌黏胶，病粒萎缩，稍褪色或色泽不变。茎及叶柄发病后产生大型黑色斑。细菌性斑疹病在叶片上初生淡褐色小点，后扩大呈多角形褐色小斑点，大小1~2mm，叶肉体积增大而隆起，细胞木栓化呈疹状，许多病斑密集可使叶片枯死早落。

防治方法：①采用无病种子。②种子消毒处理，可用50~100单位的农用链霉素液浸种30~60分钟，或用种子重量0.3%的50%福美双可湿性粉剂拌种。③种植抗病品种与药剂防治相结合可明显减轻为害。防治细菌性病害的药剂种类较少，重病田可试用100单位的井冈霉素对水喷雾。

（4）豆天蛾。

症状：以幼虫为害大豆叶片，造成缺刻或孔洞，轻则吃成网孔，重者将豆株吃成光秆，不能结荚，影响产量。一般在7月中下旬至8月上旬为成虫产卵盛期，7月下旬至8月下旬为幼虫发生盛期，初孵化幼虫有背光性，白天潜伏叶背。1~2龄为害顶部咬食叶缘成缺刻，一般不迁移；3~4龄食量大增即转株为害，这时是防治适期；5龄是暴食阶段，约占幼虫期食量的90%。6—8月，雨水协调，有利于豆天蛾发生，大豆植株生长茂密，低洼肥沃的大豆田，豆天蛾成虫产卵多，为害重。

防治方法：于 3 龄前幼虫期喷药处理，可用 50%辛硫磷乳剂 1 000 倍液或 20%杀灭菊酯 2 000 倍液，或用 20%杀灭菊酯乳油或 2.5%溴氰菊酯乳油 2 000 倍液，每亩用药液 50kg 喷雾。

（5）大豆造桥虫。

症状：大豆造桥虫种类较多，以银纹夜蛾为多。幼虫为害豆叶，食害嫩尖、花器和幼荚，可吃光叶片造成落花落荚，籽粒不饱满，严重影响产量。造桥虫每年可发生多代，尤其以 7 月上中旬到 8 月中旬为害最重。成虫昼伏夜出，趋光性强，喜在生长茂密的豆田内产卵，卵多散产在豆株上部叶背面。幼虫幼龄时仅食叶肉，留下表皮呈窗孔状。3 龄幼虫食害上部嫩叶成孔洞，多在夜间为害。

防治方法：可用 20%杀灭菊酯乳油或 2.5%溴氰菊酯乳油 2 000 倍液，每亩 40kg 喷雾。

（6）大豆食心虫。

症状：大豆食心虫又叫大豆蛀荚螟，以幼虫蛀食豆荚。幼虫蛀入前均作一白丝网罩住虫体，一般从豆荚合缝处蛀入，被害豆粒咬成沟道或残破状。

防治方法：10%氯氰菊酯乳油，亩用 35～45mL，或敌杀死乳油，有效成分 0.5～1g，对水 40kg 均匀喷雾。

（7）大豆蚜虫。

症状：自苗期起为害，以植株的生长点、嫩叶、嫩茎、嫩荚为取食对象，传播病毒，造成叶片卷缩，生长减缓，结荚数减少，苗期发生严重可致整株死亡。

防治方法：50%辛硫磷乳油 1 500～2 000 倍液或 20%杀灭菊酯 2 000 倍液均匀喷雾。

（8）豆秆黑潜蝇。

症状：豆秆黑潜蝇广泛分布于我国黄淮流域以及南方等大豆产区。以幼虫在大豆的主茎、侧枝和叶柄内蛀食，在茎内形成弯弯曲曲的隧道。

防治方法：①采取豆田深翻、提早播种、轮作换茬等措施，都有一定的抑制作用。②北方夏大豆开花期，平均每株有1头时，用50%辛硫磷乳油1 000倍液喷雾，或用90%万灵可湿性粉剂4 000倍液喷雾；也可用2%天达阿维菌素3 000倍液，或用2.5%高效氯氟氰菊酯1 500倍液喷雾防治。

（9）大豆卷叶螟。

症状：大豆卷叶螟为华北和东北地区大豆的重要害虫。幼虫将叶片卷成筒状，尤以大豆开花结荚盛期为害最重。

防治方法：①种植早熟或叶毛较多的抗虫品种。②卵孵化盛期，用25%天达灭幼脲1 500倍液。或用50%杀螟松800~1 000倍液，或用2.5%高效氯氟氰菊酯1 500倍液，或用90%晶体敌百虫1 500倍液喷雾防治。

（10）豆荚螟的防治。

症状：幼虫蛀入大豆及其他豆科植物荚内，食害豆粒，影响产量和品质。我国各大豆产区均有发生，南方较重。

防治方法：①选种早熟丰产、结荚期短、少毛或无毛的品种；调整播期，使结荚期避开成虫产卵盛期；绿肥结荚前翻耕沤肥，绿肥留种地喷药防治。②在老熟幼虫入土前，田间湿度高时施用白僵菌粉每亩1.5kg，加细土4.5kg撒施，也可喷25%天达灭幼脲1 500倍液。③成虫盛发期或卵孵化盛期，用25%天达灭幼脲1 500倍液，或用50%杀螟松乳油1 000倍液均匀喷施。

（三）收获与加工

1. 收获

大豆茎秆呈棕黄色，有90%以上叶片完全脱落，荚中籽粒与荚壁脱离，摇动时有响声时，即可收获。

2. 加工

大豆收获后，要带棵晾晒，以防豆粒炸腰和褪色。待种子水分降到 12% 以下时及时脱粒，稍晾晒入库保存。留种大豆收获后注意防雨，防霉变。

三、棉花

棉花是一种重要的一年生天然植物纤维，为锦葵目棉属，由 4 个栽培棉种组成，即亚洲棉（粗绒棉）、非洲棉、陆地棉（又叫细绒棉）、海岛棉（又叫长绒棉）。

（一）栽培技术

1. 播前准备

（1）灌水造墒与耕地、整地。秋、冬耕比春耕效果好，一般棉田应及时进行秋、冬耕。秋、冬耕更有利于熟化土壤、改善土壤结构、提高土壤肥力、增强土壤的蓄水力和通透性，还可消灭越冬虫蛹、病原菌，减轻病虫为害。秋、冬耕的时间越早越好，可在棉花收获完后立即进行，以增加土壤风化的时间，接纳较多的雨雪。秋、冬耕棉田应在早春土壤表层刚化冻时，进行"顶凌"耙地，以利保墒。进行秋、冬耕的棉田，尽可能进行冬灌，冬灌可以蓄水保墒，利用冻融交替，使耕层土壤松碎踏实。冬灌的时间应掌握在夜冻日消时期。未进行冬灌，或虽进行冬灌，但墒情不足的棉田，应在棉花播前 10~15 天灌足底墒水。秋、冬未耕或耕时未施基肥的棉田，应进行早春耕，耕后及时耙耢保墒。

（2）施足基肥。棉田基肥可以在冬耕或春耕前进行，每亩施用优质农家肥 2 000~3 000kg 或腐熟饼肥 50kg 左右。地膜覆盖棉花基肥中氮肥施用总量的 40% 左右，即尿素 10~12kg；露地直播棉花基肥氮肥施用量为全生育期总量的 50% 左右，即尿素 13~15kg。磷肥全部基施，即过磷酸钙 50~67kg/亩；钾肥全部基肥（硫酸钾 10~14kg）或基施和蕾期追施各半（硫酸钾 5~7kg）；对于严重缺硼和锌的棉田，基施硼砂 0.5~1kg、硫酸锌 1~2kg。

（3）种子准备。精加工包衣种子条播 3.0kg/亩左右，穴播

2.0kg/亩左右；如使用毛籽，每亩增加1.0kg，选用70%高巧（0.4%～0.5%）或10%吡丹（0.4%～0.5%）等处理种子，或用72%的萎福吡干粉拌种防治苗病和苗蚜。

2. 播种保苗

（1）适期播种。露地直播棉花播种适期为5cm地温稳定通过14℃以上，华北地区适宜的播种期为4月15—25日；地膜覆盖棉花播种适期为露地5cm、地温稳定通过12℃以上（此时膜下5cm地温稳定通过14℃以上），适宜播种期为4月中旬，比露地直播棉花提前5～7天。

（2）密度与行株距配置。露地栽培棉花密度4 000株/亩左右；地膜覆盖棉花密度3 500株/亩左右。采用90cm×50cm的宽窄行配置，或80cm的等行距配置。根据密度和行距确定株距。

（3）查苗补种或移栽。在棉花陆续出土阶段进行检查，发现缺苗，采取催芽补种；当齐苗时，发现缺苗，采用芽苗（已露胚根的种子）补种；苗龄达到1片真叶以上时，采用带土移栽补苗。

（二）管理技术

1. 苗期管理

（1）适时放苗。地膜覆盖棉花，当棉苗出土后，子叶由黄变绿，并且顶住膜面时，趁好天抓紧放苗。切勿在寒流大风天气放苗，遇晴天高温时要及时放苗，防止高温烧苗。放苗后，随即用土封严膜孔。

（2）间苗、定苗。棉花出齐苗后，即开始间苗，每穴留2～3株健苗；2片真叶时开始定苗，3叶时定完。在地下害虫多的年份和地区，应先治虫，后间苗、定苗，并适当推迟间苗、定苗的时间。间苗、定苗所拔掉的棉苗，要带出田外，以减少病虫的传播。

（3）中耕松土。棉花苗期中耕松土，可以疏松土壤，破除板结，提高地温，调节土壤水分，消灭杂草，减少病虫害，是促进棉苗发根、壮苗、早发的关键措施。

2. 营养生长期管理

（1）稳施蕾肥。基施一半钾肥的棉田，可在蕾期将剩下的一半钾肥（硫酸钾 5～7kg）在棉行一侧开沟施入或在株间穴施；地力好、基肥足的棉田，为了防止棉花旺长，蕾期一般不追施氮素；地力差、长势弱的棉田，每亩施用尿素 5kg 左右。

中度或轻度缺硼、锌的棉田，在棉花现蕾期喷施 0.2%的硼砂水溶液和 0.1%～0.2%的硫酸锌水溶液，每亩用液量 30～40kg。

（2）去叶枝。为促进主茎和果枝的生长，当第一果枝明显出生后，及时打掉果枝以下叶枝，保留全部真叶。

（3）适时浇水。棉花蕾期仍以营养生长占优势，既要防止营养生长过旺，又要避免由于受旱而使营养生长受阻，棉蕾大量脱落，应看天、看地、看苗适时灌水。地力较高，墒情较好，主茎生长速度不减慢，红茎高度少于 2/3，可不浇水；如果墒情差，红茎高度超过 2/3，叶色深绿发暗，就要开始浇水。

（4）中耕培土。棉花蕾期根系发育迅速，必须加强中耕，促进根系深扎。

（5）化学调控。对于肥力高、棉株长势明显偏旺的棉田，蕾期可每亩使用缩节胺 0.5g，加水 15～20kg 均匀喷洒棉株。长势较稳健或偏弱的棉田，蕾期一般可不使用缩节胺。

3. 花铃期管理

（1）中耕培土。为了便于棉田中后期灌水排水，促进根系下扎，防止后期倒伏，在初花前结合中耕培土护根。

（2）重施花铃肥。地膜覆盖棉花揭膜后，随即结合中耕开沟追肥，此次追施氮肥占全生育期氮肥总量的 40%左右，即亩用尿素 10～12kg；为防止出现早衰现象，在 7 月底或 8 月初盛花期再亩追施氮肥 5～6kg。露地直播棉花在初花期追肥，追肥数量应占全生育期总氮量的 50%左右，即每亩施用尿素 13～15kg。缺硼、锌的棉田，在棉花初花期和盛花期各喷施 0.2%的硼砂水溶液和 0.1%~0.2%的硫酸锌水溶液 1 次，用液量分别为 40~50kg 和 50~60kg。在花铃后期对有早衰现象的棉花，叶面喷施 0.5%~1.0%尿素溶液；对长势偏旺的棉花，可喷施 0.3%~0.5%磷酸二氢钾溶液，每次用液量 50~75kg。根外追肥一般在 8 月中旬开始，至 9 月初结束，根据棉花长势连续喷施 2~3 次。

（3）浇水、排水。棉花进入盛花期，既不抗旱，也不耐涝。这段期间遇旱要及时浇水，遇大雨要及时排涝。

（4）化学调控。初花期（6 月底至 7 月中旬初），每亩可用缩节胺 2~3g 对水 25~30kg 喷施；7 月下旬盛花期每亩用缩节胺 3~4g 对水 40~50kg 喷施，控制棉株生长和无效花蕾。

（5）适时打顶心，去边心。打顶心应掌握"时到不等枝，枝到看长势"的原则，华北地区一般丰产棉花 7 月 15—20 日打顶；个别发育晚长势强的棉花，为了充分利用有效蕾期，打顶时间也不宜晚于 7 月 25 日。打顶的办法是打下一叶一心，一块棉田要一次打完。对于采用简化栽培棉田（留叶枝），在打顶的同时应打去叶枝顶心。8 月 10 日后棉株的蕾已属无效，为了使棉株养分集中供应现有的铃，增加铃重，8 月 10 日前后可人工打边心或用缩节胺控无效花蕾，保证 9 月初断花。

4. 吐絮期管理

（1）坚持浇水。初絮期只有少部分棉铃吐絮，大部分棉铃正在充实，还有一些幼铃正值膨大体积，这是增结秋桃、增加铃重、提高品质的关键时期，若遇旱必须坚持浇水，以防止早衰，延长叶片功能。但浇水量不宜过大，浇水时间不宜过晚，以免造成贪青晚熟。

（2）合理整枝，促早熟防烂铃。在棉花吐絮阶段，对于后期长势足的棉田，应及时打去上部果枝的边心和无效花蕾，促使养分集中供应棉桃，促进早熟；对荫蔽棉田，要及时打去棉株下部主茎老叶和空果枝，改善棉田通风透光条件，防止烂铃。

（3）及时采摘老熟桃。若在初絮阶段阴雨连绵，早发棉田会出现烂铃。为减少损失，应及时把铃期40天以上的棉铃提前摘出，用0.5%~1%浓度的乙烯利原液浸泡后晾晒，就可以得到正常的吐絮铃。

5. 病虫害防治

（1）红腐病。

症状：在棉苗未出土前受害，幼芽变棕褐色腐烂死亡；幼苗受害，幼茎基部和幼根肥肿变粗，最初呈黄褐色，后产生短条棕褐色病斑，或全根变褐腐烂。

防治方法：在苗期阴雨连绵，棉苗根病初发时，及时用40%多菌灵胶悬剂、65%代森锌可湿性粉剂或50%退菌特可湿性粉剂500~800倍液，25%多菌灵或30%稻脚青可湿性粉剂500~800倍液，25%多菌灵或30%稻脚青可湿性粉剂500倍液，70%托布津或15%三唑酮可湿性粉剂800~1 000倍液喷洒，隔1周喷1次，共喷2~3次。

（2）黄萎病。

症状：现蕾期病株症状是叶片皱缩，叶色暗绿，叶片变厚发脆，节间缩短，茎秆弯曲，病株畸形矮小，有的病株中、下部叶片呈现黄色网纹状，有的病株叶片全部脱落变成光秆。

防治方法：在轻病田和零星病田，采用12.5%治萎灵液剂200~250倍液，于初病后和发病高峰各挑治1次，每病株灌根50~100mL。

（3）红粉病。

症状：整个铃壳表生松散的橘红色绒状，比红腐病的霉层厚，病铃不能开裂，僵瓣上也长有红色霉粉。

防治方法：可喷用50%多菌灵、70%托布津、75%百菌清或65%代森锌等可湿性粉剂500~1 000倍液。

（4）炭疽病。

症状：棉籽和幼芽受害，变褐腐烂；棉苗受害，幼茎基部初呈红褐色斑，渐呈红褐色凹陷的梭形病斑，病重时斑包围茎基部或根部，呈黑褐色湿腐状，棉苗枯萎而死；子叶受害，叶缘产生褐色半圆形病斑，病斑边缘紫红色。

防治方法：同红腐病。

（5）枯萎病。

症状：病株一般不矮缩，多由下部叶片先出现病状，向上部发展，病叶叶缘和叶脉间的叶肉发生不规则的淡黄色或紫红色的斑块。

防治方法：在轻病田和零星病田，采用12.5%治萎灵液剂200~250倍液，于初发病后和发现高峰各挑治1次，每病株灌根50~100mL。

（6）立枯病。

症状：棉籽受害，造成烂籽和烂芽；幼苗茎基部受害，出现黄褐色、水渍状病斑，并渐扩展围绕嫩茎，病部缢缩变细，黑褐色、湿腐状，病苗倒伏枯死；子叶受害，多在中部发生不规则形黄褐色病斑，易破裂脱落成穿孔。

防治方法：同红腐病。

（7）曲霉病。

症状：在铃壳裂缝处和虫孔处产生黄绿色或黄褐色的粉状霉层，高湿时呈绒毛状褐色霉层，棉絮也霉变，铃不开裂。

防治方法：可喷用50%多菌灵、70%托布津、75%百菌清或65%代森锌等可湿性粉剂500~1 000倍液。

（8）角斑病。

症状：真叶发病，初为褐色小点，渐扩大成油渍状透明病斑，后变为黑褐色病斑，扩展时因叶脉限制而呈多角形。

防治方法：在发病初期，喷洒1∶1∶（120~220）波尔多液、25%叶枯唑可湿性粉剂，或用65%代森锌可湿性粉剂400~500倍液。

（9）黑星病。

症状：全铃受害，铃壳变黑、僵硬，不开裂。铃壳上密生小黑点。高湿下全铃满布烟煤状粉末。病铃棉絮径黑色僵瓣。

防治方法：在烂铃病原较复杂的棉区，可喷洒 50%多菌灵、70%托布津、75%百菌清或 65%代森锌等可湿性粉剂 500~1 000 倍液；为提高防治效果，可用波尔多液或铜皂液加入上述药剂混合施用。

（三）收获与加工

1. 收获

（1）棉花吐絮后，及时采摘，以提高棉花品质。

（2）采摘时，收摘充分开裂的棉桃，忌收尚未开裂的棉桃。

（3）收摘时，要使用棉布包（袋），不能使用化纤包（袋），防止异性纤维混入。

（4）采收时，实行"四分"，以提高棉花质量。即好花与坏花、霜前花与霜后花、僵瓣花与白花分收、分晒、分储和分售。

（5）对成熟晚的棉田可在 9 月底或 10 月初喷施乙烯利催熟。

2. 加工

收获后要及时晾晒、装袋贮存或脱籽加工。

第二章　林下蔬菜种植技术

根据林间光照强弱及各种蔬菜的不同需光特性科学地选择种植种类、品种，发展耐荫蔬菜种植。林木与蔬菜间作种植，也是一种经济效益较高的发展模式。

第一节　林下种植蔬菜概述

一、林菜模式

平地经济林根据林间光照程度和蔬菜的需光特性选择种植种类，或根据林间光照和蔬菜需光二者的生长季节差异选择蔬菜种类。如利用林间的光照种植大葱、青椒、茄类、油菜、冬瓜、甜瓜等作物。第2、第3年也可在行间种植一些常规露地上可以生长的蔬菜，但不要种植萝卜、白菜等生长期较长且后期需水量大的品种。

山地经济林以人工培育蕨菜、薇菜、紫苏、山芹菜为主，即在阳坡稀疏的柞木林内以培育酸模、苋菜、番杏、落葵、香椿、树番茄等为主；在半阴坡稀疏杂木林下以黄花菜、蒲公英、马齿苋等为主；在阴坡稀疏硬阔叶林内以蕨菜、刺嫩芽等为主；在柞、杂采伐迹地、林间空地及林地边缘以蕨类、山芹等为主。

二、经济效益示例

以枣树下种植时令蔬菜为例，枣树素有"铁杆庄稼"之称，具有耐寒、耐涝、耐盐碱、抗风等特性，是发展节水型林果业的首选品种。在枣树的生长过程中，林地里会有较多空地，由于枣树干性较强，叶片较小，所以枣树林地的光照条件比较好，适合种植当季的时令蔬菜。在花椒林地种植时令蔬菜，每亩土地预计能增加 1 500~2 000元的收入。

第二节　林下主要蔬菜种植技术

一、苋菜

苋菜为苋科一年生草本植物，主要以幼嫩的茎叶供菜用，营养丰富，是一种重要的淡季蔬菜。主要栽培品种有绿苋、红苋和彩色苋三种类型。

（一）栽培技术

1. 选地、整地

应选择地势较平坦、排灌方便、杂草较少的适宜土壤种植。翻耕 15~20cm 深，施足基肥，整细整平土表，作成宽约 1.5m 的平畦，准备播种。

2. 播种

露地栽培苋菜，2 月下旬至 10 月上旬均可播种。播种方法多采用撒播，播后用脚踏实。

早春播的因气温较低，出苗较差，因此播种量为每亩 3~5kg；晚春播的，用种量为每亩 2kg；秋播的每亩约为 1kg。如主要是为了采食嫩茎，则可进行育苗移栽，定植株行距30cm×35cm。

（二）管理技术

1. 施肥

基肥一般每亩施用腐熟的人粪尿 1 500~2 000kg，加入过磷酸钙15kg，与表土混合均匀。除了施足基肥外，还要进行多次追肥，一般在幼苗有2片真叶时追第1次肥，过10~12天追第2次肥，以后每采收1次追肥1次。肥料种类以氮肥为主，每次每亩可施有稀薄的人粪尿液1 500~2 000kg，加入尿素5~10kg。

2．浇水

苋菜具有一定的抗旱性，但充足的水分供应是获得高产优质的保证，因此应经常保持田间湿润。在一般情况下，结合追肥，用浇粪稀水代替浇水，不再单独灌溉清水，但如遇到干旱，则进行灌溉。遇雨涝时，及时排水防涝。

3．除草

防除杂草的根本途径在于选择一块杂草较少的地块种植苋菜。如发生杂草，用手拔除即可，一般是在采收时，顺便进行此项工作。

4．留种

留种的苋菜栽培管理与普通苋菜相似，只是在采收时间拔除部分植株，留下的植株保持株行距25cm×25cm，种株不进行采收，开花结籽成熟后割取花序，晾干脱粒清选，贮存备用。

5．病虫害防治

（1）白锈病。

症状：该病6月上旬开始发生，高温高湿条件发病重。得病植株叶面出现黄色病斑，叶背形成白色的堆子。

防治方法：可用50%代森锰锌800倍液，或用50%甲基托布津600倍液，或用40%粉锈宁500倍液喷洒，每隔7~10天喷1次，连喷2~3次，防治效果好。

（2）蚜虫。可用40%乐果1 500倍液喷雾防治。

（三）收获与加工

1．收获

第1次采收为挑收，即间拔一些过密植株，以后的各次采收用刀割取幼嫩茎叶即可。基部留桩约 5cm，以利发枝供下次采收。春播苋菜一般是植株高 10cm，有真叶 5～6 片时，进行第 1 次采收，20～25 片以后再进行第 2 次采收，待侧枝萌发成长约 15cm 的枝时再行第 3 次采收。秋播苋菜播后约 30 天采收，一般只采收 1～2 次。

2. 加工

在野苋菜开花前，将嫩茎叶洗净，用沸水焯 5 分钟，用凉水冷却，沥净水即可炒食、熬汤等。如做菜干可将焯过的嫩茎叶晒干备用。如做牲畜饲料，可随时割取，生喂或煮熟喂。

二、荠菜

荠菜又名护生草，为十字花科一年或二年生草本植物。荠菜以幼嫩的茎叶供食用，营养价值高，具有特殊的香味。目前生产上栽培的荠菜有板叶荠菜和花叶荠菜两个品种。

（一）栽培技术

1. 选地和整地

荠菜的适应性很强，除了利用整地成片种植外，也可利用田埂、风障后闲畦和地头地边种植。如成片种植，秋播最好选用番茄、黄瓜为前茬的土地，春播以大蒜苗作前茬为宜，应避免连作。

地块选好之后，深耕 15cm，施足基肥，整细耙平，做成宽约 2m 的高畦。

2. 播种

荠菜可秋播也可春播，秋播从 7 月下旬至 10 月上旬均可进行，以 8 月播种为最好；春播 2 月下旬至 4 月下旬播种为好。

秋播荠菜每亩用种量 1.0～2.5kg，播期越早，用种量越大。春播荠菜每亩用种量 0.75kg。

荠菜的种子极细小，播种时应将种子与 3 倍的细土拌和均匀，然后撒播。播后用脚踏实畦面，小水勤浇，保持土壤湿润。

（二）管理技术

1. 施肥

每亩施厩肥 1 500～2 000kg、碳铵 20kg 和磷肥 10～15kg 作基肥。

幼苗有 2 片真叶时，进行第 1 次追肥，每亩施稀薄的腐熟人粪尿 1 500kg 或硫酸铵 10～15kg；采收前 7～10 天进行第 2 次追肥，用肥量同第 1 次追肥。秋播荠菜可采收 3～5 次，春播荠菜可采收 1～2 次，每采收 1 次，追肥 1 次，肥料的浓度可适当加大。

2. 浇水

出苗前后要不断浇水，小水勤浇，利于出苗。一般用喷壶喷洒，以后保持土壤湿润即可。

秋播荠菜在冬前应适当控制浇水，防止徒长，以利安全越冬。

3. 除草

荠菜植株小，常与杂草混生，除草困难，因此，应尽量选择杂草少的地块种植。杂草发生时，可结合采收等田间作业人工铲除或拔除。

4. 留种

栽培荠菜需单独建立留种田，不要在栽培田采种。留种田播种期以气温降到 25℃ 以下时为宜，一般上海为 10 月上中旬。播种宜稀，每亩用种子 0.75～1.0kg。播种出苗后，要选种 3～4 次，挑去杂苗和弱苗，在抽薹前期再选择 1 次，挑去早抽薹的小苗，均匀留下留种植株，以 10cm×12cm 株行距定苗。

留种田应适当控制氮肥，增施磷肥和钾肥，及时进行病虫害防治。

适时采种是荠菜留种的关键。以种荚由青转黄、七八成熟时为采种适宜时期，时间应选在晴天上午 10 时左右收割。割下的种株就地晒 1 小时，再用被单铺在田间，搓出种子。将带荚壳的种子放在通风处，扬出种子并晾干，切忌曝晒。

每亩留种田可收种子 75kg 左右，好的种子呈橘红色，色泽艳丽，老熟过头的种子呈深褐色。

5. 病虫害防治

荠菜的主要病害是霜霉病，在秋天连雨天气易大面积发生，对荠菜的影响不很严重。用 75% 百菌清 600 倍液或 72% 克露 600~800 倍液喷雾防治。

荠菜的主要虫害是蚜虫，为害非常严重。由于蚜虫前期不易发现，当荠菜叶片发生皱缩时，蚜虫为害已很严重了，叶片很快就会呈现绿黑色，最后失去商品价值。因此，防治蚜虫要根据各地的蚜虫虫情预报，及时用 40% 乐果 1 500 倍液，或 80% 敌敌畏 1 000 倍液，或菊酯类农药喷洒防治。

（三）收获与加工

1. 采收

早秋播种的荠菜，在具真叶 10~13 片时就可采收，即 9 月上旬开始供应市场。从播种到采收为时 30~35 天，以后陆续收获 4~5 次，第 2 年 3 月下旬采收结束。

迟播的秋荠菜，随着气温降低，生长变得缓慢，从播种到采收的时间更长些。10 月上旬播种的荠菜，45~60 天后才能采收，以后可继续采收 2 次。

2 月下旬播种的早春荠菜，由于气温尚低，要到 4 月上旬才能开始采收供应市场。4 月下旬播种的荠菜，经过 1 个月的生长，在 5 月下旬可采收上市。春荠菜一般采收 1~2 次。

采收时要求精细，用锋利的小锹或钩刀挑挖，先拣大的挖收，留下中、小苗继续生长。同时，还要注意使留下的荠菜分布均匀，先采密的地方，后采稀的地方。

2. 加工

（1）荠菜腌制。在荠菜尚未抽薹以前，用刀割取莲座型植株，清除杂物和老化的叶片，洗净、沥水后进行盐渍。每 50kg 鲜荠菜，用食盐 15kg，另配 18 度（波美浓度）食盐水 3 000mL。装缸时，先在底部撒一层盐，然后摆放一层荠菜，撒一层盐，并掸盐水少许，使盐粒溶化。入缸后 2～3 小时后，倒缸 1～2 次。倒缸时要扬汤散热。翌日清晨、午后各倒一次。当荠菜入缸 48 小时后，每隔 2 小时翻倒 1 次。晾晒后，重新半装缸，压紧贮存。荠菜腌制品香味浓郁，颜色绿，是一年四季都可吃的鲜菜。

（2）荠菜干制。选择新鲜无叶伤的优质荠菜作原料，除去老叶和根。将荠菜洗净，装入烘筛进行干燥，温度控制在 80℃，烘制时间为 4 小时左右，以干制含水量 6.5% 以下为度。

（3）荠菜的保鲜。在土地封冻前，将荠菜连根拔起，捆成小把。在风障后背阴处挖深 40～50cm、宽 1m 的贮藏沟，将捆好的荠菜根朝下，依次排入沟内，先盖一层湿土，以后随着气温下降再分层覆土。贮藏期间应进行抽样检查，防止发热腐烂。除沟藏外，还可采用假植或冻藏的方法。假植贮藏，即将挖出的荠菜根上带些土，密排于阳畦内，定时浇水保湿。故也可以采用冷藏的方法保鲜，食用前再解冻。但应立即食用，否则容易腐烂。

三、青椒

辣椒系茄科辣椒属作物，属一年生或多年生草本植物，是传统的主要蔬菜。

（一）栽培技术

1. 育苗技术

（1）播种育苗期。青椒（甜椒）系喜温暖、短日照作物。在林地栽培，一般在冬季 12 月至翌年 2 月播种，3—5 月定植。目前，多采用小苗龄定植（育苗期在 1 个半月左右）。

（2）种子消毒与催芽。播种前，先将干种子放在70℃条件下烘晒72小时，然后将种子放在55℃水中搅拌浸种15分钟，接着用温水（38℃）浸泡10小时，捞出后放在25~30℃的保湿条件下催芽。尔后，每天用清温水淘洗4~6次，4天后发芽率可达70%左右时即可播种。

（3）配制床土与药土。按肥沃的田园土4份、腐熟的大粪干粉1份和细炉灰渣1份的比例，分别过筛后均匀混合。然后每立方米床土再加入过磷酸钙5kg、三元复合肥1kg，均匀混合后装入营养钵或纸袋中，或在播种床内平铺5~10cm厚。配制药土，可用70%五氯硝基苯和50%福美双各5g，与15kg细干土混合均匀后，即为药土，留以备用。

（4）播种与籽苗期管理。在冬、春季保护地生产，可在土温16℃左右、气温20℃以上时播种。先将床土用温水浇透，然后覆盖筛过的潮床土，每平方米再铺撒药土10kg（总厚度1cm），接着在每平方米床土播种50g左右。播后再覆药土5kg和过筛细潮土1cm厚，然后再盖塑料膜保温保湿。为了防止出土戴帽，可在幼苗刚拱土时，再覆细土0.5cm厚。在保持床土20℃左右条件下，一般经5~7天即可出苗。出苗后，揭开塑料膜降温降湿，保持床土16~20℃，气温20~25℃。如发现苗床有裂缝，可轻撒一层细砂土弥缝。当籽苗长到2叶1心时，即可分苗，或者将苗移栽到营养钵或纸袋内。每两株籽苗为一撮。如只进行一次分苗，穴距8cm×10cm；如两次分苗，第一次分苗的苗距可为5cm×5cm，第二次分苗的苗距可为10cm×10cm。移栽后，浇足底水，再覆细潮土1.5~2.0cm，随后覆盖塑料膜保温保湿，气温控制在25~28℃。待缓苗后，即可揭掉塑料膜，降温降湿。

青椒长到2~3片真叶期，为花芽分化期（一般在播后35天左右）。为了促进开花和结果节位低，应适当降温，地温控制在16℃左右，气温保持在20℃左右；同时，提供短日照，日光照以 8~10 小时较好。4 片真叶以后，则恢复正常的温湿度管理。

（5）幼苗与成苗期管理。在保证营养面积的基础上，要满足正常的温、湿度条件，及时除草防病。在幼苗定植前半个月左右，应结合浇水，在每平方米苗床追施硫铵 50g，随后适当松土，但不要伤根。在定植前 1 周，应再随水在每平方米追施尿素 50g。尔后，则控温控水囤苗，促发新根，以利定植后的缓苗。同时，定植前必须达到壮苗标准。

2. 适时定植

林地定植必须在终霜期过后，扣小拱棚可提前 1 周定植，应在 10cm 的地温稳定在 15℃ 以上才可以定植。定植前，先整地施肥，每亩施腐熟的优质农家肥 5 000kg、二铵 15kg。要选用排灌条件好的中性或微酸性砂质土壤，深翻 20cm，做成 1.2m 宽的大垄，垄中间开一水沟，然后覆地膜烤地。

定植时，要选择晴天中午，采取大垄双行、内紧外松的方法定植。用打孔器按一定的穴行打孔，小行距 50cm，穴距 40cm，每亩 3 500 穴左右。打孔后，将带有 2 株壮秧的土坨栽入穴内，然后浇温水，待水渗下后及时封埯，随后可扣小拱棚，以利于保温保湿。也可栽苗后即封埯，稍镇压后再进行膜下暗灌，以水洇湿垄台（垄背）为准。

（二）管理技术

1. 缓苗前后的管理

缓苗前，以保温、保湿为主。如无地膜覆盖，可进行中耕，以提高地温。当心叶开始生长或有新根出现时，则证明已经缓苗，这时就可适当降温降湿。缓苗后至开花前，一般不浇水，只有在干旱时浇小水。当小椒长至 3cm 大小时，结合中耕进行施肥，每亩施腐熟的大粪干粉 200g、尿素 10kg。在培土后浇水，以水浸湿垄台为宜。对于覆盖地膜的可以扎眼施肥，或膜下暗灌，随水施肥。

2. 浇水、追肥

在封垄前，要结合施肥进行培土保根，争取在高温来临之前达到封垄水平（可以通过追肥浇水，促进茎叶生长）。追肥要做到氮、磷、钾肥配合使用，以促进秧棵健壮成长，防止落花落果。

3. 开始采收后的管理

青椒采收后，要及时浇小水，以促秧攻果，但要注意防止积水沥涝。此外，在高温季节，应早晚浇小水，在气温高于30℃时，夜晚也应浇小水，以利降低土温。

青椒喜温喜水喜肥，但又怕高温多雨多肥，因此要科学管理。青椒平作，必须在高温来临之前达封垄水平。高温多雨季节过后，为促进第二次结果高峰，应及时浇水追肥，并要进行整枝、打杈、摘叶等植株调整。要剪掉内膛枝和老病残枝，以打开风光的通路。在3级分枝以上留2片叶进行打尖，可控制营养生长。对新长出的枝条，留1果2片进行打尖。摘掉下部的老叶病叶，以减少营养消耗。同时，还应再一次培土，以促发新根和防倒伏。此外，要进行叶面喷肥，比如喷施0.2%的尿素、磷酸二氢钾或白糖水等，都可促进植株加快生长，有利于开花结果。

4. 病虫害防治

（1）青椒疫病。

症状：青椒疫病为害叶片、茎和果实。病叶有暗褐色圆斑，其边缘为黄绿色。病茎有水浸斑，病斑绕茎表皮扩展成黑褐色条斑，分枝处也有褐色斑，病部易缢缩折倒。病果的果蒂部有水浸暗绿斑，潮湿时长出白霉，呈褐色腐烂，干燥后成为褐色僵果。

防治方法：①选用抗病品种。②对种子进行消毒，即用52℃水浸种30分钟。③在保护地每亩用300g 45%百菌清烟剂熏治，或者每亩用1 000g 5%百菌清粉尘喷粉，或喷施25%瑞毒霉可湿性粉剂750倍液，或者喷64%杀毒矾可湿性粉剂500倍液，每亩用药液60kg。

（2）叶枯病（又称灰斑病）。

症状：青椒叶枯病为害叶片和茎。病叶为褐色小斑点，逐渐发展成灰褐色圆斑，干燥时病斑易穿孔脱落。病茎有灰褐色椭圆斑。

防治方法：①对种子进行消毒。②使用药剂防治，喷施64%杀毒矾可湿性粉剂500倍液，或喷施1∶1∶200波尔多液。③为了提高植体抗病性，要控氮肥，增磷、钾肥，或喷施600倍液的植宝素。

（3）炭疽病。

症状：炭疽病可为害叶片和果实。病叶有水浸状褐色圆形斑，病斑上轮生小黑点。病果有水浸状褐色圆形斑，病斑逐渐凸起，形成灰褐色同心轮纹斑（轮纹上有小黑点），潮湿时分泌出红色黏稠物质，使病果呈半软腐状，干缩后病斑呈膜状破裂，果柄上有褐色凹陷斑，易干缩开裂。

防治方法：①选用抗病品种；②对种子进行消毒，即用50%多菌灵可湿性粉剂500倍液浸种60分钟；③使用药剂防治，可喷施80%炭疽福美可湿性粉剂800倍液，或喷施50%多菌灵可湿性粉剂1.0倍液。

（4）枯萎病。

症状：青椒枯萎病可为害叶片、茎和根部。病株下部叶片逐渐萎蔫脱落，以后影响到上部叶片萎蔫。病茎基部的皮层呈水浸状腐烂，使茎的上部一侧或全株的茎叶萎蔫。病根的皮层呈水浸状软腐，木质部变成暗褐色，潮湿时生有蓝绿色霉状物。

防治方法：①选用抗病品种。②喷施50%多菌灵可湿性粉剂500倍液。③用DT可湿性粉剂400倍液灌根，每穴用药液500g。

（5）疮痂病。

症状：青椒疮痂病为害叶片、茎蔓和果实。病叶有黄褐色水渍状轮纹，病斑呈凸起的疮痂状。茎蔓染病则有水浸状条斑，后

期木栓化纵裂成疮痂。病果上有突起圆形墨绿色斑，后期干腐呈疮痂状。

防治方法：①选用抗病品种。②对种子进行消毒，即用52℃水浸种 30 分钟。③喷施 72%硫酸链霉素可湿性粉剂 4 000 倍液，或喷施 77%可杀得可湿性粉剂 400 倍液，也可喷 4 000 倍液的新植霉素，每亩用药液 60kg。

（6）软腐病。

症状：青椒软腐病主要为害果实。病果有水浸状暗绿色斑，后期果皮变白，果肉呈褐色，腐烂并有臭味，干燥时果实干缩，并且仍挂在枝条上。

防治方法：①及时防治虫害，预防植株损伤。②及时防治脐腐病。③用 72%农用链霉素可湿性粉剂 4 000 倍液喷雾，或者喷施 4 000 倍液新植霉素。

（7）病毒病。

症状：青椒病毒病主要为害叶片和枝条。病叶呈淡绿色，叶面凸凹不平，叶脉起皱，有的叶片呈线形蕨叶状或呈花叶形，并有落叶现象。枝条染病，则有褐绿色条斑，并且出现枯顶，植株短小，有丛生根，并易引起落花落果。

防治方法：①选用抗病品种。②对种子进行消毒。即用 10%磷酸三钠浸种 30 分钟。③合理密植，选择适宜播种期。④加强田间管理，及时防治蚜虫，预防高温干旱。⑤在进行整枝打杈等田间管理时，手和工具要用肥皂水冲洗，以防伤口感染。⑥喷施 20%病毒 A 可湿性粉剂 500 倍液，或喷施 1.5%植病灵乳剂 1 000 倍液，或喷施 200 倍液的抗毒剂 1 号，每亩用药液 50kg。

（三）收获与加工

1. 收获

对于不留种的青椒，以采收嫩果为主。当果皮变绿色，果实较坚硬，而且皮色光亮时，即可采收。

如果需要留种，应留第二、三、四层分枝上的果实，待充分成熟，果皮变红或变黄时，再及时采收。有的采摘后再晾晒1周，以促后熟。

2. 加工

辣椒果与成熟果均可鲜食，还可腌渍、干制、磨酱、粉碎加工，冷冻脱水加工。

四、卷心菜

卷心菜又名结球甘蓝，为十字花科植物甘蓝的茎叶，别名圆白菜、洋白菜、包心菜、大头菜、高丽卷心菜，莲花白等。

（一）栽培技术

1. 培育壮苗

卷心菜是喜冷凉气候条件的蔬菜，因此，对苗床的要求不太严格，阳畦、日光温室、温室等均可用于卷心菜的春季育苗。

（1）品种的选择与播种期。早熟春卷心菜栽培成败的关键是选择优良的品种、适宜的播种期。选的品种必须是冬性强、不易发生未熟抽薹的早熟品种，如中甘11号、8398、冬甘1号等优良品种。早熟春卷心菜的播种期，要根据当地的气候条件来定。播种过早幼苗在越冬期苗龄过大会通过春化而抽薹；播种晚，影响结球产量产值下降。

（2）阳畦的建造。阳畦应建在地势高燥、背风向阳、距水源近的地块。生产上最常用的是单斜面阳畦，坐北朝南，以便接受阳光和抵御寒风。畦宽1.5m左右，畦长可根据需要和地块大小而定，一般为8~15m。阳畦的建造时间，一般是10月下旬至11月上旬在土壤无冰冻之前进行。先画好阳畦基线，浇水湿润土壤，作畦前先取出表土放在一边。首先作墙，后墙高40cm；南墙高10~12cm；东西两墙依顺南北墙高度而形成北高南低的斜坡。北墙底部宽40~50cm，上宽30cm，东西墙宽30cm。打好畦墙后，整平畦底，再填入起出的表土和基肥混合成的营养土，以利幼苗生长。

风障可用苇子作骨架，用稻苫作披风。先在北墙外挖一风障沟，沟深25~30cm、宽20cm。挖出的土翻在北面，然后将苇子按要求编夹好，与阳畦畦面成75°角。再填土加以巩固，并在风障的中间用竹竿捆一棱子，以加固风障，并外披一层稻草苫。

（3）整地。春卷心菜早熟栽培必须采取阳畦或温室育苗。因此，在育苗前首先要做好阳畦的施工、烤畦、施肥及畦面平整等工作。

卷心菜育苗床一般每畦应施腐熟大粪80kg、马粪50kg左右（按165cm×495cm的畦计算），施后倒翻两遍，使粪土混合均匀并整平畦面。

在播种前要将种子曝晒2~3天，以提高发芽率，增强发芽势。为防止卷心菜苗期霜霉病和黑茎病，晒后可用40~45℃的350~400倍高锰酸钾溶液浸种4~5小时，在浸种开始时应充分搅拌，以便降低水温。种子出水后稍加摊晾，即用净湿布包好，外面再包2层粗湿布，放于陶器内，于温暖处催芽。在催芽期间每天要用18~20℃温水淘洗1次，淘后稍晾再包好。包内温度掌握在20~25℃，当种子开始发芽，温度要降到18℃左右，3天后当胚根长到0.3cm时即可播种。

（4）播种量。一般种子发芽率在90%以上，则每个苗床播种5.25g即可。这样经间苗后，每个畦可提供幼苗4 500~4 800株，可移植5个畦之所需。

（5）播种方法。播种前应浇底水1次，水层一般以8.25cm左右为宜。底水渗完后，先撒一薄层细土再进行播种。播种要求均匀，出苗才能稀密一致。播种过后应当即覆约0.5cm的细土。当幼芽顶土时进行第2次覆土，厚约0.3cm。第3次覆封尖在幼苗出齐、子叶平展，经过间苗后进行，厚度0.3cm。

（6）间苗。幼苗出齐后，子叶平展时进行第 1 次间苗，拔去小苗、弱苗及丛生苗。当幼苗第 1 片真叶生出后，选晴天的上午 10 时后和下午 3 时前进行第 2 次间苗，留苗距 2cm 为宜。这次间苗必须选留生长一致的幼苗，拔除子叶不开展及感染黑茎病的苗子。

2. 移栽

（1）选地。选择地势高爽、通风、排灌方便、近水源的疏松肥沃土壤。

（2）施基肥。大田确定后，先清理残枝杂草，然后亩施腐熟猪粪 2 000kg，加进口复合肥 50kg。

（3）整地筑畦。施足基肥后耕翻，使有机肥等肥料与耕作层充分混匀，然后按 1.5m 宽筑畦，其中沟宽 30cm，沟深 25cm，做到深沟高畦。同时做到田内、田外沟系配套，排灌畅通。

另外，在定植前 1~2 天的傍晚每亩用除草通 125~150g 加水 30~40kg 均匀喷洒，定植时每亩大田用辛硫磷 800 倍液喷洒以防地下害虫为害。

3. 定植

（1）定植密度。亩定植 2 800~3 200 株，即每畦种三行，行距 40cm，株距 40cm。

（2）定植时间。苗龄 30~35 天，叶龄 4~5 片，选择阴天或晴天的傍晚进行定植。

（3）定植方法。秧苗移栽时做到带土、带药、带肥。力求大小秧苗分开移栽，移栽时浅种，让营养钵与畦面平，并压土。边移栽边浇水，隔天复水，在凉水凉土时浇，复水要二次以上。

（二）管理技术

1. 松土除草

松土、中耕、培土、除草 1~2 次。

2. 追肥

定植一周后，追施提苗肥，每亩用 2.5kg 尿素对水浇促其发棵。莲座期封畦后，每 15～20 天追肥一次，每次每亩施尿素 10～20kg，追肥持续到结球中期，2～3 次。

3. 浇水

除定植时立即浇搭根水外，2 周内要求干干湿湿间隔，促进根系生长。2 周后，要保持土壤湿润，但畦面积水。在结球期大量浇水，以促进叶球膨大。一般 5 天左右沟灌水一次。至叶球基本成形时，才逐渐减小浇水次数。

4. 病虫害防治

（1）甘蓝黑腐病。

症状：为害叶片、叶球。苗期发病子叶形成水渍状病斑，后渐蔓延到真叶，真叶叶脉上出现小黑点斑或细黑条。叶缘出现"V"形病斑，成株多从下部叶片开始发病，形成叶斑或黄脉，叶斑由叶缘向叶内成"V"形扩展，坏死扩大，黄褐色。病菌蔓延到茎部和根部形成黑色网状脉，导致植株萎蔫死亡。

防治方法：①除残株落叶，适时播种。②合理浇灌，防止伤根伤叶。③种子消毒，用 50℃ 温水浸种 20～30 分钟后，取出经降温后播种或催芽播种；或用 50%代森胺 200 倍液浸种 15 分钟，洗净晾干播种；也可用链霉素 1 000 倍液、金霉素 1 000 倍液浸种 2 小时；或用 0.4%福美双拌种。④药剂防治。发病初期用 1：1：200 的波尔多液喷雾，抗菌剂"401"0.5kg 加水 300kg 喷雾，45%代森胺 800 倍液喷雾，硫酸链霉素或农用链霉素 4 000 倍液喷雾，新植霉素或氯霉素 4 000 倍液，65%代森锌可湿性粉剂 600 倍液，50%福美双可湿性粉剂 500 倍液，50%托布津 500 倍液，50%敌菌灵 500 倍液，50%多菌灵 600～1 000 倍液，75%的百菌清 600～800 倍液。以上药剂均在发病后及时喷雾，每隔 7～10 天喷 1 次，连续喷 3～4 次即可。

（2）甘蓝软腐病

症状：待卷心菜包心后，茎基部或菜心内发生水浸状软腐，以后植株枯黄，外叶萎垂脱落使叶球外露。

防治方法：①定植前深翻土层 18~20cm，多雨季节注意排水，实行沟灌，不用漫灌。②阴天及中午不要浇水，要与葱蒜类作物轮作；防治传病媒介昆虫。③拔除病株，病穴用石灰消毒。④喷药时应注意喷洒接近地面的叶柄和根茎部，常用下列药剂，用 50%代森铵水剂 800 倍液，每隔 7~10 天喷一次，连续喷 2~3 次；链霉素或氯霉素 4 000 倍液，抗菌剂"401"500~600 倍液，敌 g 松原粉 250~500 倍液喷穴或喷雾。

（3）细菌性黑斑病

症状：侵染叶片后刚开始为不规则形，水浸或油渍状病斑，后变为淡褐色或黑褐色。

防治方法：①种子消毒。播种前用 50℃温水浸种 20 分钟后迅速移入凉水中冷却，催芽播种；或用种子重量的 0.4%的 50%福美双可湿性粉剂拌种；也可用硫酸链霉素或氯霉素 1 000 倍液浸种 2 小时，晾干后播种。②发病初期喷洒 4 000 倍液或硫酸霉素或农用链霉素、氯霉素、新植霉素任何一种 1 000~2 000 倍液喷雾；500 倍液抗菌剂"401"，每亩用药液 50~60kg，连续防2~3 次，每次间隔 7~10 天。

（4）菜粉蝶（又称菜白蝶、白粉蝶，幼虫叫菜青虫）

症状：菜粉蝶以幼虫啃食菜叶进行为害，初孵幼虫在叶片背面啃食叶肉，残留表皮，呈小形斑。3 龄以后幼虫取食量增加，将叶片吃成孔洞和缺刻。严重时只残留叶柄和叶脉。

防治方法：用 80%敌敌畏乳剂 1 000 倍液或 90%敌百虫 800倍液或 60%敌敌畏乳剂和 20%乐果混合乳油 2 000~3 000 倍液着重喷菜心，乙酰甲胺磷 400~500 倍液或用 40%菊杀乳油 2 000~3 000 倍液或 50%辛硫磷乳油 1 000 倍液或 0.04%除虫精粉，每亩施用商品量 1.5~2kg。

（5）甘蓝夜蛾（又名甘蓝夜盗蛾、地蚕、夜盗虫）

症状：初孵幼虫集中在叶背取食，啃食叶肉，使叶片残留表皮，呈密集的"小天窗"状。幼虫稍大后可将叶片吃成孔洞或缺刻，并迁移分散。幼虫4龄后，白天隐伏在心叶、叶背或植株根部附近表土中，夜间出来取食。高龄的幼虫可钻入叶球内部为害，并排出粪便，降低食用及商品价值。

防治方法：幼虫开始为害时，开始喷洒农药。常用的药剂有40%菊杀乳油或40%菊马乳油2 000~3 000倍液或每亩用25%灭幼脲Ⅲ号胶悬剂30g，防治效果好，其他药剂同防治菜粉蝶一样。

（三）收获与加工

1. 收获

当单球达到1.25~1.50kg并紧实时，要及时采收。采收要带2~3片外叶作保护。

2. 加工

除生食、清炒外，还可做泡菜、腌菜、酸辣菜等。

五、茄子

茄子是茄科茄属以果实为产品的一年生草本植物，分长茄和圆茄。

（一）栽培技术

1. 播前准备

（1）品种选择。选择好品种是种植茄子的关键环节。茄子品种较多，果形、皮色差异较大，必须根据各地的食用习惯选择优良、适销对路的品种。

（2）选地、整地。茄子避免与前作为茄科作物以及花生等连作，防止传染立枯病、青枯病等土传病害。种植茄子要深翻细作，起畦，畦宽120cm左右，双行植。要施足基肥，亩施完全腐熟的有机肥1 000~1 500kg，复合肥20~25kg。

2. 播种育苗

茄子要先育苗后移植，最好用营养杯育苗，播种量每亩20～25g种子。播种期春播12月至翌年2月，秋播为7—8月。茄子以节间较短、幼茎粗壮、叶片厚绿的幼苗质量较好，一般有5片真叶左右时移植，移植时要连根带营养土定植到大田中。定植必须在阴天或晴天的下午进行，行距70cm，株距50cm。定植后要淋透定根水，保证植株成活。

（二）管理技术

1. 肥水管理

茄苗定植后约15天进行浅中耕除草，结合小培土薄施一次提苗肥，亩施尿素10kg（施后及时浇水）或稀薄的人粪尿对水后浇施。植株根茄座果后，摘除根茄以下的侧枝，以免枝叶过多，消耗养分。此时期植株尚未封行，进行深中耕除草、培土，重施一次追肥，亩施三元复合肥50kg。

茄子生长前期需水量不多，适当的干旱有利花芽分化，提高坐果率。根茄坐稳果后，植株生长需要的水分逐渐增多，应保持土壤湿润，适当排灌。进入采果后每收1～2次果追施一次肥，植株生长进入中后期，每收2次果应追施一次肥，亩施复合肥15～20kg或尿素20kg以上。同时可喷施促丰宝500倍液或0.3%磷酸二氢钾等叶面肥。

2. 植株整理

（1）摘除根茄以下的侧枝，以免枝叶过多，消耗养分。

（2）摘叶。摘叶可以通风透光，减少下部老叶对营养物质的无效消耗，植株封行后，及时把病叶、老叶、黄叶和过密的叶摘去。

（3）剪枝。这是植株整理的重点，当茄子开花结果进入"满天星"期后，由于茄子植株的结果数增多，营养供应跟不上，植株易衰老，果形普遍较小且弯曲，品质下降。这时要对茄子植株进行剪枝。剪枝的方法是在"对茄"开始膨大时把开花结果的那条分枝打顶，让营养更好地供应给果实的发育，该果收后在距分杈约 10cm 处用剪刀把该分枝剪断，让其长出的一个侧芽长成分枝继续开花结果；如此类推，以后长出的分枝和其他的分枝都是这样在果实膨大时就打顶，在收果后就剪枝，让侧芽开花结果，以此方法控制植株的高度和结果的数量，培育粗壮的植株，提高植株的抗病力，确保达到优质高产的目的。

（4）疏果。及时把发育不良的幼果、畸形果和病果摘去。

3. 病虫害防治

（1）猝倒病

症状：在苗期发生，幼苗近土表基部水渍状，后缩成线状，子叶未凋萎，苗已倒伏地表。

防治方法：栽培上除注意多通风、透光、少浇水外，还可以用药物 58%瑞毒霉 800~1 000倍液、扑海因 1 500倍液、72.2%普力克 600 倍液防治。

（2）褐纹病

症状：叶片病斑始为水渍状小点，逐渐发展成褐色轮纹，边缘灰白色上生小黑点，茎上病斑呈菱形，果实上病斑也呈轮生小黑点，病处由黄变褐。

防治方法：防治除实行轮作，选用抗病品种外，生产上在加强通风透光、降低群体湿度的基础上，可采用药物扑海因 1 500倍液、47%加瑞农 600 倍液、70%甲基托布津 600 倍液、50%多菌灵 600 倍液、64%杀毒矾或58%雷多米尔（甲霜灵·锰锌）1 000倍液防治。

（3）绵疫病

症状：在湿度大的条件下发生，果实发病后出现水渍状圆形病斑，后变褐凹陷，有时密生绵毛状白霉，最后腐烂脱落。

防治方法：生产上注意加强整枝摘叶、通风透光，可采用药物 58%瑞毒霉 800~1 000倍液、扑海因 1 500倍液、72.2%普力克 400～600 倍液、72%克露 600 倍液、58%雷多米尔（甲霜灵·锰锌）1 000 倍液防治。

（4）茄子虫害

症状：主要有蚜虫、螨、蓟马、茄螟、茄二十八星瓢虫、烟粉虱（白粉虱）。

防治方法：

①蚜虫：70%高红 1 500 倍液，59/6 高效大功臣 1 500 倍液，50.5%农地乐 1 500 倍液。

②螨类：50.5%农地乐 1 500 倍液，克螨特 1 500 倍液。

③蓟马：5%高效大功臣 1 500 倍液，20%好年冬 1 000 倍液。

④茄螟、茄二十八星瓢虫：50.5%农地乐 1 500 倍液，47%乐斯本 1 000 倍液，巴冬原粉 1 000 倍液，26.8%阿维毒死蜱 800 倍液。

⑤当烟粉虱种群密度较低时早期防治至关重要。同时注意交替用药和合理混配，以减少抗性的产生。可用的药剂有 1.8%爱福丁 2 000～3 000 倍液、40%绿菜宝 1 000 倍液、25%扑虱灵 1 000～1 500 倍液、10%吡虫啉 2 000 倍液、5%锐劲特 1 500 倍液等，这些药剂高效、低毒，对天敌比较安全，对烟粉虱有很好的防治效果。

（三）收获与加工

1. 收获

植株定植 50 天左右开始采收，果实采收适宜时间要看萼片与果实相连处有白色（或淡绿色）带状环（称茄眼）大小而定，茄眼不明显时，表示果实生长缓慢，即可采收。

2. 加工

食用幼嫩浆果，也可干制和盐渍。

六、大葱

大葱栽培技术比较简单，成本也较低，适合平地经济林种植。

（一）栽培技术

1. 选择优良品种

要因地制宜选择抗病虫、抗逆性强、高产耐贮、适宜当地气候条件的大葱品种。

2. 育苗技术

（1）苗床准备。苗床应选避风向阳、土层深厚、肥沃、疏松、旱能浇涝能排、3 年内未种过葱蒜类作物的沙质壤土做苗床。播种前结合整地每亩泼浇腐熟人、畜粪尿 1 000~1 500kg，尿素 5kg，过磷酸钙 50kg，氯化钾 10kg。经翻耕细耙，整平做成畦宽 1.2m 的苗床。同时要进行苗床消毒，用乐斯本乳油 3 000 倍液加 25%甲霜灵可湿性粉剂 1 000 倍液泼施苗床，可有效杀灭地下害虫和预防苗期病害。

（2）种子处理。可采用干籽直播，也可先催芽后播种。催芽方法是用 30℃温水浸种 24 小时，除去秕粒和杂质，将种子上的黏液冲洗干净后，用湿布包好，放在 16~20℃的条件下催芽，每天用清水冲洗 1~2 次，待 60%种子露白时即可播种。

（3）适时适量播种。要根据品种特性及定植时间确定育苗期，一般在定植前 40~50 天播种。每亩苗床播种量 1~1.5kg，种子要混入 2~3 倍的细砂均匀撒播。播种后覆盖 1cm 左右细土，然后盖上稻草，浇水保湿。

（4）苗期管理。播种后每天要浇水，苗床应保持湿润，浇水量不宜过多，防止葱苗徒长及土壤板结，妨碍出苗或幼苗发根。一般播后 10 天左右出苗，出苗后，在傍晚时揭掉稻草。若遇烈日强光，可用遮阳网遮阴，改善田间小气候，防止葱苗烧伤。当苗长至 2~3 片叶时，要做好间苗、除草工作，并结合浇水用 10%腐熟人粪尿或 0.3%硫酸钾复合肥液追肥 2~3 次，以促进幼苗成长健壮。

3. 适时移栽，合理密植

当幼苗长到 20cm 高时就可起苗移栽，华北地区大葱最适移栽时间为 5、6 月。定植前将地耕翻晒白，施足基肥，基肥以有机肥与化肥配合施用，一般每亩施腐熟人、畜粪尿 3 000kg，尿素 20kg，过磷酸钙 50kg，氯化钾 20kg。整成宽 1.2m、深 25cm 的畦，在畦上纵向开两条种植沟，沟距 50～60cm、深 20～25cm。起苗前 2～3 天要浇透水，以利起苗。定植前按葱苗大小分级，分别栽植，便于管理。定植沟要灌足水，水下渗后按株距 5～6cm 排苗栽植，每亩栽植 2 万～3 万株。栽植深度以不埋到心叶为宜，葱叶着生方向须与行向垂直，有利密植和管理。

（二）管理技术

1. 肥、水管理

大葱移栽活棵后生长最旺盛，要加强田间肥、水管理，及时浇水、施肥、培土。培土是大葱栽培的特点，大葱共需培土 4 次，第一次在生长盛期之前，培土占沟深的一半；第二次在生长盛期之后，培土与地面相平；第三次培土成浅垄；第四次培土成高垄。每次培土以不埋没葱心为宜，栽植沟深，葱白肥壮。

2. 病虫害防治

（1）霜霉病

症状：主要为害叶、花梗，在花梗上生黄白色、乳黄色、纺锤形、椭圆形侵染斑，后变成淡黄色、暗紫色；中下部叶片染病，逐渐干枯下垂；茎部染病，多破裂、弯曲；鳞茎染病，病株矮缩，叶片畸形扭曲。湿度大时，表面长出大量白霉。

防治方法：用 75%百菌清可湿性粉剂 600 倍液、50%甲霜铜可湿性粉剂 800 倍液防治，每隔 7 天喷一次，连喷 2～3 次。

（2）菌核病

症状：主要为害叶片、花梗，多发生在近地表处，菌丝由外向内层叶鞘扩展，严重时全株倒折，基部腐烂而死亡，病部产生

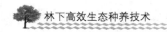

白色絮状菌丝和黑色短秆状、粒状菌核。

防治方法：用 50%多菌灵可湿性粉剂 300 倍液、50%甲基托布津可湿性粉剂 500 倍液喷施，每隔 7 天喷洒植株基部 1 次，连喷 2 次。

（3）锈病

症状：主要为害叶、花梗、绿色茎部，在表皮上产生椭圆形稍隆起的橙黄色粉末，夏孢子堆破裂外散，秋后病斑变为黑色破裂散出暗褐色粉末冬孢子。

防治方法：用 15%三唑酮可湿性粉剂 2 000 倍液、50%萎锈灵乳油 700 倍液或 70%代森锰锌可湿性粉剂 1 000 倍液，每 10 天喷 1 次，连喷 2~3 次。

（4）葱斑潜蝇

症状：幼虫在叶内曲折穿行，潜食叶肉，致叶片枯萎。

防治方法：用 40%乐果乳剂 1 000 倍液或 80%敌敌畏乳剂 2 000 倍液喷洒，每 7 天喷 1 次，连喷 2~3 次。

（5）葱蓟马

症状：以刺吸式口器吸取心叶、嫩芽中的汁液，致叶、芽上出现针头大小的斑点。

防治方法：用 50%乐果乳油 1 000 倍液或 50%辛硫磷乳油 1 000 倍液喷洒，防效显著。

（三）收获与加工

1. 收获

大葱收获期在土壤封冻前、气温下降至 5 ~ 10℃、地上部分生长明显停滞时。

2. 加工

收后即可上市出售，或晾晒 1~2 天，于凉爽处扎捆，成行直立摆放，寒冷天气可遮盖旧棚膜或草席，待第二年春季随时上市出售。

第三章　林下食用菌种植技术

第一节　林下种植食用菌概述

一、林菌模式

林下种植食用菌就是利用水源方便干净的空闲林地，充分利用其遮阴、散射光照充足、通风好、温湿度适宜等有利条件生产食用菌的一种新型栽培模式。在林中种植食用菌可以不与人争粮、不与粮争地，协调了生态建设和农业发展在土地需求上的矛盾，丰富的林地资源可以为食用菌的栽培提供广阔的场地，且林间含氧量充足，夏季温度相对较低，适合食用菌的反季节栽培。在林下发展食用菌栽培投资少，收益好。此外，食用菌收获后的废菌包经过处理还可以为林地提供有机肥。

二、经济效益示例

以在楠竹林下套种竹荪为例，楠竹林下套种竹荪，1亩林地需要投入竹屑、病虫防治药物、人工工资、管理等共计6 400元左右，一亩地可以采收干竹荪35kg，这样算下来林下种植竹荪亩产值能达到11 900元，每亩纯收入达5 500元。

第二节　林下主要食用菌种植技术

一、平菇

平菇又名侧耳，是一种适应性强的食用菌。根据它的形态、风味和生产季节的特点，各地又有不同的名称，如北风菌、冻菌、蚝菌、天花菌、白香菌等。平菇有高温品种及低温品种，可以从3月一直种植至11月。

（一）栽培技术

1. 季节安排

除冬季以外，其他季节均可栽培平菇，但以秋季栽培最好。一般8月上旬至9月上旬接种，9月上旬至10月中旬出菇，12月上、中旬生产结束。

2. 种植场地

（1）林地选择。为创造荫凉、通风、具散射光的养菇环境，养菇场地应选东坡、北坡山脚或山腰地势平缓、土质肥沃湿润的阔叶林，林内郁闭度0.8以上枝盛叶茂的林地。

（2）做畦。做畦时要清除地块上的石块及杂物。做畦床宽度为两个菌袋长度另加3~5cm，畦深为菌袋放平厚度，畦床长度根据林内条件因地制宜，一般以10~15cm为宜。作业道宽40~50cm，作业道和畦床四周小灌木及蒿草要保留，高度宜在15cm以下。

（3）罩棚。按畦床规格用农用薄膜搭建小拱棚。

3. 栽培袋制作

（1）选择菌种。应选用广温型品种。

（2）培养料配方

①棉籽壳90%，米糠5%，石灰2%，磷肥1%，石膏1%，

食盐1%，含水量60%，pH值8~9。调配时，棉籽壳先用石灰水浸透，捞起堆制发酵1~2天。然后加入其他辅料拌匀，含水量偏低时，通过喷雾加湿，偏湿时适当摊开蒸发多余的水分或适当多加些麸皮或粗米糠，最后测pH，pH宜高不宜低。如果用水不方便，或为了节约用水，棉籽壳可直接喷水翻拌。

②杂木屑或稻草（切碎）85%，麸皮（米糠、玉米粉）7%，花生麸3%，磷肥或复合肥1%，石膏或碳酸钙1%，糖1%，石灰2%，含水量60%，pH值8.0~9.0。原、辅料充分拌匀后，边喷水边翻拌，至含水量60%为止。

③玉米芯65%，棉籽壳20%，麸皮或米糠8%，花生麸或菜籽饼3%，磷肥或复合肥1%，石膏1%，石灰2%，含水量60%，pH值8.0~9.0。将玉米芯及其他材料（棉籽壳先预湿）充分拌匀，边喷水边翻拌，至含水量60%为止。

④甘蔗渣40%，杂木屑35%，米糠20%，石灰3%，过磷酸钙1%，食盐1%，磷酸二氢钾0.1%，pH值8.0~9.0，含水量60%。堆闷1天。

（3）培养料的发酵与接种。可采取熟料制袋法，不要采取生料栽培。熟料栽培是指培养料配置后先经高温灭菌，再进行播种和发菌的方法。高温平菇的栽培以这种方式最为适用，其好处是培养料经高温灭菌后，料内营养得到充分分解，便于菌丝吸收利用；杂菌在发菌期不易发生；料温也可得到很好的控制。

①发酵：即把各种原料混匀后加水。堆成高1m，宽1.5m，长度不限的弧形堆，当料温（5cm深处）升到55℃以上时，维持一昼夜翻堆。翻堆时把里面的料翻到外面，把四周、顶部和底部的料翻到中间，然后再覆盖、保温，如此翻堆3次，此时的料已发好酵。对发好酵的料要及时用多菌灵（1 000kg干料用药1~15kg）和敌敌畏（500倍液，只喷洒料的表面）作喷洒处理。

②装袋接种：聚乙烯塑料袋22cm×45cm×0.003cm。播种量

为 15%。将塑料袋的一头扎起来，一层菌种一层料的方法装袋，一般是 3 层菌种 2 层料或是 4 层菌种 3 层料，然后扎紧袋口（注意：装袋松紧适度，菌种要掰成栗子大小块，在菌袋有菌种的位置扎微孔透气）。

4. 菌袋入畦

摆袋前用 50% 多菌灵 500 倍液或甲基托布津溶液以及石灰进行畦床、作业道消毒。同时用敌百虫或敌敌畏在场地及周围进行杀虫处理。

菌棒摆放采取垛状。垛底用土堆成高 15cm、宽 50cm、长 2.6m 平台（棚内横向排放），用薄膜覆盖。菌棒摆放在薄膜上，每层 2 排，菌棒底部相接，扎口朝外，依次往上码，共码 6 层，每 2 层之间用 2~3 根小木条隔开，以便通气，垛与垛间间隔 90cm 左右空间，以便操作。

（二）管理技术

1. 出菇管理

平菇是变温结实，在保证温度 22~26℃，相对湿度 85%~95% 的情况下，加大温差能多出菇。当菌丝布满料面 6~7 天，并露出菇蕾后，夜间采取地面浇水，棚间喷雾，加减通风量，调节适宜平菇生长的温湿度和温差。

当菌棒内有菇蕾原基产生时，将菌棒扎口松开，菌棒袋向外翻卷，露出菌面即可。当菇蕾分化出菌盖和菌柄时，注意喷水要少喷、细喷和勤喷，并呈雾状。每潮菇（采菇）后，清理死菇、病菇和烂菇。

出第二潮菇后，出现小菇蕾时，喷营养液 50g（味精 5g，维生素 B 10g，尿素 15g，溶于 15kg 水中）。每潮菇喷 2~3 次（喷在料面），即补充营养又诱导新菇形成。

2. 病虫害防治

（1）褐腐病。发病的主要原因是菇棚或土壤中有该菌孢子存活，当菇棚通气不良、湿度过高温度适宜时，其孢子萌发，形成为害。

症状：褐腐病又称白腐病、水泡病等，是真菌性病害。幼菇感病后，常出现菌盖小或无菌盖等畸形，感病后期有黑褐色液体渗出，继之腐烂、死亡。

发病初期，摘除病菇，使用百病杀溶液喷洒病区；发病严重时，首先对棚内进行喷药，然后将菌袋使用赛百09进行药液浸泡处理。

（2）软腐病。软腐病的病原菌是轮枝霉，该霉菌的分生孢子可在土壤、墙体缝隙以及废料中长期存活，借助空气、覆土、工具、人体等传播。

症状：软腐病又称蛛网病、褐斑病等，典型症状就是出现大量白色网状菌丝，而且发展迅速，感病菇体渐呈水红色、褐色，继之腐烂。

防治方法：①停止喷水，降低湿度。②清除病菇，清理料面，喷洒百病杀溶液。③菇棚门口撒施石灰隔离带，并谢绝外人参观；④棚内经常喷洒药物以预防该类病害的发生。

（3）斑点病。斑点病的病原菌是假单孢杆菌，喜高湿、高温、密闭的环境，该菌在自然界的分布很广，工具、材料、原料、土壤、水流以及各种虫类，均可成为传播媒介。

症状：斑点病又称褐斑病、黄菇病等，属细菌性病害。菌盖是该病害的主要为害对象。发病初期，菌盖表面可见淡黄色变色区，后逐渐加深变为干黄色、浅褐色、暗褐色，并同时出现凹陷斑点，继之分泌黏性液体，如果空气湿度不是太高，3天左右，黏性液体渐干，随后菌盖开裂，形成不对称菌盖的子实体。

防治方法：①停止喷水，加强通风，充分降低湿度。②清除病菇，清理料面，喷洒黄菇一喷灵或赛百09溶液。③畦式栽培时，撒施一定量的石灰粉，也可起到抑制作用。

（4）黄菇病。黄菇病的病原菌为黄单孢杆菌，亦属细菌性病害，该病菌性喜低温、高湿环境，其传播途径与斑点病相似。

症状：黄菇病又称黄斑病，典型的表现为多在低温季节发病，如气温在10℃左右时，该病发展迅速，为害严重，初期只在菇体表面出现黄褐色斑点或斑块，随之病区扩大，并深入菌肉组织，此后，子实体变为褐色、黑褐色，进而死亡、腐烂。

防治方法：一旦出现黄斑病，可喷5%石灰水或农用链霉素；出现蚊蝇幼虫喷1：2 000倍液菇净。

（5）粗柄菇

症状：菌柄基部正常，中部粗大，菌盖没有分化。

防治方法：加强通风即可。

（6）珊瑚菇

症状：较庞大的原基上，分生出若干小子实体，但只长到1~2cm即不再继续发育，形同一块珊瑚石。

防治方法：刮除死菇原基，适当破坏料面，对制食用菌三维营养精素溶液，浸泡菌袋或进行连续喷施，使之补充营养，同时加大棚湿度至90%左右，降棚温至23℃以下，并保持相对稳定。

（7）菇蚊。为主要害虫之一。

症状：成虫产卵于基料发酵或发菌阶段，也可在出菇阶段产卵子于菌袋中，在13~35℃条件下，5天左右幼虫孵出，咬食菌丝即子实体，其寿命12天左右。其蛹期5天左右，即再变为成虫。

防治方法：发现有成虫时立即用1 000倍液菊酯类农药予以彻底杀灭。基料内发生幼虫为害后，尽早使用磷化铝熏杀，可将菌袋于出菇间歇期装入大塑袋内，用双层大棚膜筒料两头扎口，按每立方米空间放置4片用量投入磷化铝，6~12小时也可全部杀死。

（8）菇蝇。防治措施参考菇蚊。

（9）跳虫。又名弹尾虫、烟灰虫。

症状：它们以食用菌的菌丝及子实体为为害对象，并且伏在菌褶部位，使产品失去商品价值。

防治方法：喷洒 0.1%的鱼藤精。

（10）螨类

症状：常见的主要有粉螨和蒲螨等，螨类既咬食菌丝，又取食子实体，尤以为害菌丝为重。一般肉眼很难观察到其单体的存在，发生严重时，料表可见一层白色或肉红色甚至红褐色，菌丝很快被吃光。

防治方法：发现少量螨害后，喷洒扫螨净后覆盖塑膜不使药物散发，10 小时后取下。

还有一些害虫如蝼蛄、蚂蚁、蟑螂、蝼蛄等，防治时可在地面撒些生石灰。

（三）收获与加工

1. 采收

（1）采收成熟度。按不同消费目的，将子实体发育阶段大致分为可采收成熟度、生理成熟度和加工成熟度。

①可采收成熟度：目前平菇多以鲜销为主，为使上市鲜菇既有较高的品质，又要使平菇子实体得到充分膨大，以获得足够的产量水平，应在平菇子实体的重量和体积不再明显地增加时及时采收，即为可采收成熟度。其外部形态是菌盖刚趋平展，边缘初显波浪状，菌柄中实，手感实密，孢子刚进入弹射阶段。

②生理成熟期：平菇生理成熟期指子实体开始弹射孢子到孢子完全散完。生理成熟的前期子实体可食用，到后期孢子散完，子实体衰老萎缩，便失去食用价值。

（2）采收方法。平菇采收分为按茬一次采收或多次采收，按茬一次采收是在平菇子实体长至可采收成熟度时，一次将床面上的菇体全部采完。经过补水追肥等管理，第二茬菇又长至可采收成熟度时再一次采完。一次性采收的菇不可能完全大小一样，采后的菇可按菌盖的直径分级包装上市鲜销或进行加工。按茬一次采收的方法，在管理上茬次分明，管理方便，适宜较大规模栽培场。

多次采收是根据子实体生长的情况，在菇体大小不平时常用多次收获法，采大留小，不分茬次，当子实体长至可采收成熟度时随时采收。多次采收适宜于庭院小规模栽培，可根据用途直接分级采收，方便灵活。

无论是一次性按茬采收或是多次采收，都要注意防止手握菇体向上猛提，这样会使平菇和基部的栽培料一齐拔掉，因为平菇基部菌丝和栽培料结合紧密，用力过猛还会将刚形成的原基拔掉，影响下茬出菇，采收时要借用利器，像不锈钢刀或竹刀，轻轻从基部将平菇和栽培料分离。尤其采收丛生品种时更应注意，采收时要一手握菇柄，一手持刀在基部将平菇轻轻切下，在不影响基部小菇蕾的情况下，尽量少留菇柄，因为如处理不及时易腐烂而引起料面污染，影响下茬菇产量。对于单生的子实体，在采收时要先使其左右旋转一下，平菇和料之间稍松动时再轻轻拔出，也尽可能少带栽培料。

2. 加工

平菇除一部分鲜销外，还可加工贮藏；采用许多方法加工，其中主要分干制、盐渍二法。

（1）干制法。一般采用阴干法、晒干法、烘干法等。

日晒是一种既经济，又不用设备的方法。也可阴干或用风吹干。但此法受天气条件的限制。

生产上常用烘干法，建一烘干房，热源可以用炭火或煤饼，烘时参照烘烟楼形式。房内无烟，要有排气设备。开始温度控制在35℃左右。10小时后升到55~60℃，以后渐渐下降，14小时降到常温。食用时，用水浸泡，和鲜菇差不多。干制的平菇，其含水量在 12%～13%，及时用塑料袋密封保存。

（2）盐渍。盐渍法是外贸出口加工常用的方法。

①加工菇的选择：适时采收、分收、清理无杂质、无霉烂、无病虫害的菇。要求菌盖完整，直径 3～5cm，切除菇脚基部。平菇应把成丛的子实体分开。

②水煮（杀青）：在清水中，加入 5%～10%精盐，置于钢精锅或不锈钢锅中煮沸，然后倒入鲜菇，煮沸 5～7 分钟，捞出沥干水分。

③盐渍：煮后的菇体，按 50kg 加 20kg 洗涤盐之例，采用一层盐一层菇的方法，依次装满缸，最后在顶部撒 2cm 的盐，向缸内注入生理盐水，使菇完全泡在盐水中。

④调酸装桶：盐渍 20 天以上，可以调酸装桶。

二、鸡腿菇

鸡腿菇营养丰富，菇肉肥厚细嫩，味鲜可口。鸡腿菇制成干菇或罐头均受欢迎，特别是脱水速冻鲜销，尤为上乘。

（一）栽培技术

1. 季节安排

林地自然条件下，鸡腿菇的出菇时间可安排在春季到初夏、早秋至初冬。菌袋进林的时间一般要掌握在早晨或晚上 9 时后，有 7～8 天的晴天，覆土时间要在每天上午 10 时前结束。

2. 种植场地

（1）建造菌畦。在林地行间作畦床，畦宽 1.5m，长度依林地而定，深度 40cm，畦床做成龟背形，用 3%的石灰水浸畦床和四周，在畦的四周挖一圈浅沟作水沟。在畦床上做小拱棚，宽 1.5m，高 0.8～1m，长度依畦而定，小拱棚行每隔 3m 作一棚弓，小拱棚顶部安装微喷设备。

（2）设网防虫。遮阳棚四周最好用防虫网封闭，以防虫类进入。

3. 栽培袋制作

（1）培养基的配方。

①稻草（切段或粉碎）60%，麸皮25%，玉米粉8%，复合肥5%，糖1%，石灰1%。

②棉籽壳90%，麸皮4.5%，玉米粉4.5%，石灰1%。

③棉籽壳87.5%，麸皮10%，尿素0.5%，石灰2%。

④棉籽壳78%，麸皮10%，玉米粉5%，复合肥5%，糖1%，石膏1%，维生素 B_1 微量。

⑤杂木屑75%，麸皮15%，玉米粉8%，糖1%，石膏粉1%，维生素 B_1 微量。

（2）培养基的配制。2月上旬，将棉籽皮或稻草等拌入足量水，拌匀后，以手紧握滴3～4滴水为宜，然后堆好，堆闷7～10天，堆长不限，宽1m，高1～1.2m，料堆中间打几个洞，当堆内温度达65℃左右时开始翻堆，期间翻堆3～4次，当堆中间无白心时即可拌料。拌料前将辅料麸皮、石灰、多菌灵等于料混拌均匀，再与主料拌匀，使干湿均匀，水分含量65%为宜，酸碱度均匀，pH值7～8（以石灰调节），当料质松软，富有弹性时即可装袋。

（3）装袋与灭菌。将发酵好的料装入20mm×40mm的低压聚乙烯或聚丙烯塑料薄膜筒装袋内，每袋装湿料约2kg。袋装好后即上锅灭菌，袋间要有一定空隙。常压100℃灭菌12小时后，冷却至400℃左右趁热取出，搬入无菌室冷却。

（4）接种与发菌管理。接好种后，要将菌袋及时移入发菌室内发菌，每垛码成5～7层。发菌室要使光线接近黑暗，温度控制在25℃左右，后期当菌丝快发到底部时，再把温度降至20℃左右。垛间要有一定的空隙，空气相对湿度在70%左右，每隔1周要倒1次垛，及时发现受污染的菌种并处理。当菌丝长满菌袋时移入林地进行出菇管理。

4. 菌袋入畦

提前几天挖宽 30cm、深 20cm 的窄行，底要平，撒一层约 1mm 厚的石灰粉，灌足水。配制敌杀死、甲胺磷等杀虫农药，浇于土垯中，土稍干，再按 50kg 水中溶解 100g 多菌灵或高锰酸钾浇于土垯中，将发好的菌袋脱袋后卧放在畦床上，菌棒间隔 2~3cm，然后在畦床上覆土，厚 3~5cm，空隙间要用土充实填满。覆土后要用大水浇透。然后用土找平，最后苫上小拱棚的塑料膜。

（二）管理技术

1. 温、湿度控制

覆土后温度控制在 22~26℃，湿度 75%~80%。出菇管理阶段通风时间：低温时节应在无大风的上午 11 时和下午 3 时前后进行；高温时节宜在早晨和晚上进行。阴雨天一般不浇水。除高温期需放风降温外，其他时间不宜开启，保持湿度 80%~95%。5~8 天后进入采收期。采摘后及时去掉老菇脚及残渣，在床面上填补新土。第一潮菇收完后，去掉覆土，把袋口料面清理干净，覆盖 2~3cm 的菜园沃土或火烧肥土，浇水润湿覆土，同前进行出菇管理至采收。

2. 病虫害防治

（1）胡桃肉状菌。又名假木耳，是鸡腿菇栽培中较易发生的一种病害。

症状：发病初期多在覆土层内产生浓密的白色棉絮状菌丝，继而在覆土的表层发生大小不等的类似于木耳形状的子实体，挖开发病部位，培养料会散发出浓烈的漂白粉气味，培养料发黑。

防治方法：①严格挑选菌种。②所覆的土必须是取自于地表 20cm 以下的土层，并严格进行消毒。③发病后用浓石灰水局部灌淋，并停止供水，待局部泥土发白后小心挖出，并将其运至较远的地方深埋。

（2）白色石膏霉。白色石膏霉是由培养料偏酸而引发的一种病害，一般在下种10~15天内发生。

症状：该霉菌初期在覆盖表面形成大小不一的白斑块（状如石灰粉），老熟时斑块变为粉红色，并可见到黄色粉状孢子团，挖开培养基有浓重的恶臭味，大部分菌丝死亡、腐烂。

防治方法：①培养料发酵时添加5%的石灰粉，调节其pH值为8.5。②局部发病时可用500倍液多菌灵或5%石炭酸溶液喷洒。③加强通风，降低畦面空气的湿度。

（3）鬼伞类竞争性杂菌。

症状：鬼伞类杂菌的孢子一般是混在稻草等原料中进入菇床的，5~10天床面便出现大量的鬼伞菌，与鸡腿菇争夺营养，其子实体腐解后流出墨汁样的孢子液。

防治方法：①选用新鲜、干燥的稻草作为培养料，并进行二次发酵，以杀灭鬼伞孢子。②发现鬼伞应及时摘除并深埋。

（4）螨。

症状：螨的种类较多，主要为害菌丝和子实体，虫口密度大时菌丝无法形成子实体。螨来源于稻草、禽畜粪便等，喜欢在阴暗潮湿的环境中生活，繁殖极快。

防治方法：①栽培场地在使用前要认真清理杂物，并使用敌敌畏喷洒一遍。②培养料发酵温度达到55℃时，用2 000倍液的克螨特喷洒料堆表面。③菇场定期喷洒1 000倍液的敌敌畏或2 000倍液的卡死特。

（5）菇蝇。

症状：菇蝇不但为害鸡腿菇子实体，而且还是传播杂菌的祸首。被为害的培养料呈糠状，有恶臭味，并可看见小虫爬动。

防治方法：①用0.1%鱼藤精喷洒地面及四周。②用1 500倍液的除虫菊或3 000倍液的2.5%氯氰菊酯喷杀。③保持场地通风、清洁。

（6）跳甲虫。

症状：该虫是栽培环境过于潮湿、卫生条件差引起的，常群集在菌盖底部的菌膜及培养料中，被侵害子实体发红并流出黏液，失去商品价值。

防治方法：①改善栽培场地的卫生条件，以免过于潮湿。②用0.1%鱼藤精或除虫菊酯喷杀。

（三）收获与加工

1. 采收

鸡腿菇从原基到长大成熟是一个十分缓慢的过程，但临近成熟时，生长速度显著加快，菌柄很快伸长，菌环松动脱落，菌盖极易开伞，子实体易破碎，菌褶变黑而自溶液化。子实体5~6成成熟为最佳采收期，此时主要利用清晨采收，上午9时30分前结束，要采嫩不采老，采收后的菇要先放在阴凉处（不要堆放），待售。一茬菇结束后，及时清理床面喷一遍石灰水，调节一下酸碱度，接茬采收。

鸡腿菇子实体成熟的速度快，必须在菇蕾期菌环刚刚松动，钟形菌盖上出现反卷毛状鳞片时采收。若在菌环松动或脱落后采收，子实体在加工过程中会氧化褐变，菌腐甚至会自溶流出黑褐色的孢子液而完全失去商品价值。

2. 加工

在鸡腿菇栽培规模小时，以鲜销为主。鸡腿菇容易破碎，货架寿命短，应尽快销售出去。为了供应远离栽培场的市场，可将鸡腿菇的菇蕾切成薄片进行脱水烘干。切片菇分装于塑料袋中，每包100~150g。此外，还可以加工成盐渍鸡腿菇或鸡腿菇罐头。

三、香菇

香菇又名香蕈、香菌、冬菇，属真菌门，担子菌纲，伞菌目，侧耳科，香菇属，是世界著名的食用菌之一。

（一）栽培技术

1. 季节安排

出菇期安排在 3—12 月两季栽培，制棒时间在 11 月至翌年 5 月底前。生产高温品种（武香 1 号，931 等）菌龄 80 天左右可进入出菇期，5—10 月初出菇结束。4、5 月生产低温品种（939、庆科 20、868 等）菌棒接种后度夏，于 10—12 月出两茬菇，菌棒在林下越冬，翌年 3—5 月再出 2~3 茬菇，而后接高温菇。这样 1 年有 9 个月的出菇期，3 个月休眠越冬期，使林下实现了两季高效栽培。

2. 种植场地

林地香菇种植地块的选择和菇棚的搭建也是栽培成功与否的关键。

（1）菇场选择。林地栽培香菇首先要求选择在水源充足，排水方便的地方。因为水分是香菇生命活动的首要条件，出菇时菌棒含水量应在 60% 左右，空气相对湿度应保持 85%~90%。所以充足的水源可保证香菇出菇时的正常需要。

选择菇场时第二个要考虑的是林地郁闭度要在 0.8 以上。也就是林中地上树阴面积应占整个林地面积的 80% 以上。这是由于香菇的出菇期需要散射光。直射光对香菇子实体的发育有害。所以，0.8 以上的郁闭度可保证香菇对光照的这一需要。

（2）菇棚搭建。地块选择好后就要搭建拱棚了，在菇棚搭建前用旋耕机将树间空地中的土壤旋松，这样做既可以清除杂草，又可以减少病虫、杂菌源，然后做出宽 1.6~1.8m 的畦。畦的中间要稍高，这样可以防止畦面积水。拱棚一般采用南北走向，宽 1.6~1.8m，长 20~30m，高 1m，每隔 1.2m 设置一拱架。在拱棚内搭设 7 排棒架，棒架是用铁丝制成的，离地 20cm，架间距离 22~25cm。在拱棚顶端还要架设一根粗铁丝，一是可对拱架起到加固作用，二是可在铁丝上安装喷淋设施。对于林地郁闭度过小的地块可在拱棚上架设遮阳网进行遮光。小拱棚使用前要在畦面上撒石灰进行消毒。

3. 栽培袋制作

林地栽培香菇的第一步是栽培袋的制作。

（1）栽培料配制。香菇的菌丝是接种在栽培料上的，因此生产前要进行栽培料的配制。栽培料的配方为木屑78%、麸皮20%、石膏1%、糖1%，另加尿素0.3%。要特别指出的是木屑指的是阔叶树的木屑，也就是硬杂木木屑。松、杉以及含芳香类物质较多的楠木、樟木等不能用于香菇的栽培。

栽培料是香菇生长发育的基质，是香菇生活的物质基础，因此栽培料的好坏直接影响到香菇生产的成败以及产量和质量的高低。要求栽培料的含水量在55%~60%。另外香菇菌丝生长发育要求微酸性的环境，培养料的pH值在3~7香菇都能生长，但pH值为5时最适宜生长。在生产中蒸汽灭菌会使培养料的pH值下降0.3~0.5，菌丝生长中所产生的有机酸还会使栽培料的pH值下降1左右，因此，栽培料的pH值应在6.5左右。一般栽培料的酸碱度都会低于这个数值，可以用在栽培料中添加碳酸钙的方法进行调节。

（2）装袋。栽培料配好后就要装袋了，栽培袋要求厚薄均匀，无沙眼，封口要结实不漏气。装袋用装袋机进行，将塑料袋套在出料筒上，一手轻轻握住袋口，一手用力顶住袋底部，尽量把袋装紧，越紧越好，然后把料袋扎口，扎口时一定要把袋口扎紧扎严。装好料的袋称为料袋。装袋时要集中人力快装，一般要求从开始装袋到装锅灭菌的时间不能超过6小时，否则料会变酸变臭。

（3）灭菌。料袋要经过蒸汽灭菌后才能接种。蒸汽灭菌系统是由一个锅炉和一个灭菌室组成的，锅炉通过管道与灭菌室相连，灭菌时锅炉中的水蒸气通过管道输送到装有料袋的灭菌室中，从而达到对料袋的高温消毒作用。将料袋码放在灭菌室内，料袋的码放要有一定的空隙，这样便于空气流通，灭菌时不易出现死角。码放好后，关上门就可灭菌了。开始加热升温时，火要旺要猛，从生火到灭菌室内温度达到100℃的时间最好不要超过4个小时，否则会把料蒸酸蒸臭。当温度到100℃后，要用中火维持8~10小时，中间不能降温，最后用旺火猛攻10分钟，再停火焖8小时就可出锅。

（4）接种。林地香菇的菌棒接种是在塑料大帐中进行的。在棚中用塑料薄膜隔出一块空间，（然后）用空气消毒剂熏蒸对隔离区进行消毒。把灭菌后的料袋运到消过毒的帐内一行一行、一层一层地垒排起来。接种用的菌种要到专业的生产厂家去购买，在接种前要将菌种外层的菌皮剥掉，否则会影响发菌。接种采用的是侧面打穴接种的方法，侧面打穴接种一般每棒接3穴。全部料袋排好后，用（直径3cm的尖）木棒在料袋侧面均匀打3个穴。把菌种掰成大枣般大小的菌种块迅速填入穴中，菌种要把接种穴填满，并略高于穴口。上面的一层接完种后，移开再接下面的一层。按照这个方法将帐中所有的料袋都接好种后，再把塑料大帐撤下，在料袋堆上覆盖塑料薄膜，压严四周就可以进行发菌了（林地香菇的菌棒接种是1—2月，这时气温较低，空气中杂菌较少，菌棒成品率较高）。

（二）管理技术

1. 发菌管理

发菌管理是指从接完种到香菇菌丝长满料袋并达到生理成熟这段时间内的管理。发菌场地的环境要暗，强光和直射光对菌丝有抑制和杀死的作用。开始7~10天内不要翻动菌袋，第13~15天进行第一次翻袋，这时每个接种穴的菌丝体呈放射状生长，直径在8~10cm时生长量增加，呼吸强度加大。这时由于菌丝生长产生的热量增加，要加强通风降温，最好把发菌场地的温度控制在 25℃ 以下。为了降低温度，白天加厚遮盖物，晚上揭去遮盖物；菌袋培养到 30 天左右再翻一次袋。一般要培养 45~60 天菌丝才能长满料袋。这时还要继续培养，待菌袋内壁四周菌丝体出现膨胀，有皱褶和隆起的瘤状物，且逐渐增加，占整个袋面的 2/3，手捏菌袋瘤状物有弹性松软感，接种穴周围稍微有些棕褐色时，表明香菇菌丝生理成熟，就可转入菇场转色出菇。

2. 转色管理

将发菌完成的菌棒移入林地菇场，摆放在小拱棚内。菌棒的摆放要与地面成 70°~80° 角斜靠在棒架上，并且两排相临的菌棒要交叉放置，这样可减少对棒架的压力过大。当所有的菌棒都摆满后在拱棚上覆盖塑料膜，塑料膜的周围要压严实，保湿保温。这时就进入了转色管理阶段。此时的菌棒要防止日晒和风吹，拱棚中的光线要暗些，前 3~5 天尽量不要揭开遮阳网，这时畦内的相对湿度应在 85%~90%，塑料膜上最好能有凝结水珠，使菌丝在一个温暖潮湿的稳定环境中继续生长。应注意在此期间如果气温高、湿度过大，每天要在早、晚气温低时揭开畦上的薄膜通风 20 分钟。菌棒进入拱棚 5~7 天时，要加强揭膜通风的次数，每天 2~3 次，每次 20~30 分钟，增加氧气、光照，拉大菌棒表面的干湿差，限制菌丝生长，促其转色。香菇菌丝生长发育进入生理成熟期，表面白色菌丝在一定条件下，逐渐变成棕褐色的菌膜，这个过程叫作菌丝转色。转色的深浅、菌膜的薄厚，直接影响到香菇原基的发生和发育，对香菇的产量和质量关系很大，因此转色是香菇出菇管理前最重要的环节。香菇是好气性菌类，在香菇的生长环境中，由于通气不良、二氧化碳积累过多、氧气不足，菌丝生长和子实体发育都会受到明显的抑制，这就加速了菌丝的老化，子实体易产生畸形，也有利于杂菌的滋生。所以新鲜的空气是保证香菇正常生长发育的必要条件。这时还要用钉板对菌棒进行扎孔，扎孔的目的也是为了增加袋中的氧气，扎孔用的钉板上有 10 个铁钉，扎孔时用钉板在菌棒上均匀地扎 20～40 个小孔，也就是每个菌棒要用钉板拍打 2～4 下。孔一定不要扎的太多，如果打孔太多袋中的水分会过分蒸发，使袋料失水过多，影响菌丝的生长。7～8 天后当菌棒开始转色时，可加大通风，每次通风 1 小时。

这个阶段的一个重要工作就是每天都要检查菌棒，检查时如发现长有杂菌的菌棒要及时剔除，以防止感染到其他菌棒。生有杂菌的菌棒挑出后要集中放置于一个棚中统一管理，每隔一天用 50% 苯菌灵可湿性粉剂 800 倍液喷洒菌棒进行消毒。经过 3 次消毒，菌棒上的绿霉菌一般都可被消除。检查的另一项内容是发现菌棒上有过早生出的菇蕾要及时用手指将它掐坏阻止其继续生长，否则会出现出菇不齐的现象，给管理和采收带来麻烦。一般经 10～12 天菌棒转色就完成了，此时就要脱袋了。用刀将塑料袋划破将菌棒拿出。对于有绿霉菌的菌棒，在脱袋时可以将长有绿霉菌处的塑料袋留在菌棒上，其余的部分去掉。这是由于从脱袋到集中处理绿霉菌还要有一段的时间，这样做的好处是可以防止在这段时间内接触空气过多使绿霉菌快速生长。所有的菌棒脱袋完成后，就可以处理绿霉菌了。一般可以采用 pH 值为 8～10 的石灰清水洗净菌棒上的霉菌，改变酸碱度，抑制霉菌生长。若霉菌严重，已伸入料内，可把霉菌挖干净。霉菌特别严重的，可用清水把霉菌冲洗干净，晾干 2～3 天后，再喷洒 0.5% 过氧乙酸。

3. 出菇管理

香菇菌棒转色后，菌丝体完全成熟，并积累了丰富的营养，在一定条件的刺激下，迅速由营养生长进入生殖生长，发生子实体原基分化和生长发育，也就是进入了出菇期。林地香菇的出菇期从 5 月开始一直可持续到 9 月，在整个出菇期中可出 4 潮菇，每潮菇都要经过催蕾、子实体生长发育、采收和养菌几个阶段。

从催蕾到采收大约需要 15 天的时间，养菌大约要经过 10 天时间。

林地香菇的生长要经过春夏秋 3 个季节，由于各个季节的温度和湿度不同，在出菇管理上也就不尽相同。根据林地香菇出菇的时间，把出菇期的管理分为 3 个阶段，也就是春夏期、越夏期和早秋期，各阶段的管理侧重点存在差异。

（1）春夏期出菇管理。5、6 月正处于林地香菇的春夏期，这个季节的气候特征为白天气温高、晚上气温较低、湿度低、干燥。摆棒完成后要采取温差、湿差刺激菇蕾的发生，白天将薄膜覆在小拱棚上，造成高温、缺氧的条件，傍晚掀开薄膜，结合喷水降低温度，将日夜温差拉大，经过 3~5 天的连续刺激，菌棒表面就会形成白色花裂痕，继而发育成菇蕾，菇蕾形成后，须对菇形不完整、丛生的菇蕾尽量剔除。由于气温高，水分蒸发量大，所以要适时喷水、通风降温。每天根据天气情况喷水，晴天喷水 2~3 次，阴天 1~2 次，同时进行通风降温。此时气温逐渐升高，采菇要及时，宜早不宜迟，香菇菌盖基本展开，直径达 5cm 以上时应及时采收，一般可在清晨和傍晚各采收一次。采收时应一手扶住菌棒，一手捏住菌柄基部转动着拔下。采收时要注意把菇蒂采摘干净，防止霉菌从此侵染。一天采收 2~3 次，采完一批菇后，要进行养菌，降低菌棒的含水量。3~5 天后，采用喷低温的凉水进行催蕾，每天 2~4 次，菇蕾形成后照常规进行出菇管理。

（2）越夏期管理。7 月林地香菇就进入了越夏管理阶段，此时大部分地区气温最高可达 35℃，越夏管理的重点是降低棚温，减少菌棒含水量，加强通风，预防霉菌。具体做法：气温特别高时，中午朝小拱棚膜上喷水，降低菇床的温度。由春夏期的晴天喷水 2~3 次，阴天 1~2 次改为晴天喷水 1 次，阴天不喷。每天早晨和傍晚各通风一次，每次通风时间为 2 小时。这个时期是霉菌高发季节。有少量霉菌感染菌棒，可采用生石灰粉覆盖发病部位，以防霉菌蔓延。出现霉菌面积较大的要及时挖去感染部位，喷 800~1 000 倍液多菌灵溶液。

整个一潮菇全部采收完后，要大通风一次，晴天气候干燥时，可通风 2 小时；阴天或者湿度大时可通风 4 小时，使菌棒表面干燥，然后停止喷水 5~7 天。让菌丝充分复壮生长，待采菇留下的凹点处菌丝发白时，就要给菌棒补水。注水所用的工具是注水枪，注水枪的前端是一个与菌棒长短相当的空心铁针，在铁针上开有很多小孔，将注水枪的进水口与水管相连，打开开关，水就会从注水枪上的小孔喷出。注水时将注水枪的头部从菌棒顶端沿菌棒纵向插入，深度以没过铁针为宜。注水量要适中，不能太多也不能太少，太少菌棒水分不足，太多容易造成菌棒腐烂，都会影响出菇。

最好是菌棒重量略低于出菇前的重量。补水后，将菌棒重新排放在畦里，重复前面的催蕾出菇的管理方法，准备出第二潮菇。

（3）早秋期出菇管理。8、9 月是林地香菇的早秋管理阶段，早秋期的特点是气温由高到低，温度一般在 20~30℃，非常适合高温香菇的发生。早秋降雨少，空气湿度小，此时要增加空气湿度，做好补水保湿工作。每天早、中、晚喷水 1 次，早晚结合喷水各通风 1 小时，促进子实体的发育。另外经过越夏，菌棒含水量有所下降，菌棒发生收缩。在秋季采菇后要用小铁钉刺孔结合拍打催蕾，然后通过喷水，补充菌棒含水量，拉大温差、湿差刺激菇蕾的发生，3~4 天后，菇蕾就会形成。

4. 病虫害防治

（1）病毒性病害。

症状：菌丝退化，生长不良，逐渐腐烂，子实体感染后引起畸形菇发生。

防治方法：在感染处注射 1 : 500 苯莱特 50% 可湿性粉剂，

并用代森锌粉剂 500 倍水溶液喷洒菇场，防止扩大传染。

（2）褐腐病。

症状：病原菌为荧光假单孢杆菌，在香菇的组织细胞间隙中繁殖，使受害子实体停止生长，菌盖、菌柄和菌褶变褐色，最后腐烂发臭。

防治方法：搞好菇场及工具的消毒，及早清除病变的菇体。然后用链霉素 1∶50 倍液喷洒菌袋，杀灭藏在菌袋中的病菌，防止第二茬复发。

（3）细菌斑点病，又称褐斑病。

症状：病原菌为革兰假单孢杆菌，菌落形状大小各异，一般呈灰色。当病菌侵染子实体时，会使菇体畸形、腐烂，菇盖产生褐色斑点，纵向凹陷形成凹斑。若培养基受到侵染，基料会发黏变臭。

防治方法：将侵染子实体立即摘除，并喷施 1∶600 倍液次氯酸钙溶液（漂白粉）进行消毒。

（4）绿霉菌，是香菇生产中为害最大的竞争性杂菌。

症状：初期菌丝为白斑，逐渐生成浅绿色，菌落中央为深绿，边缘呈白色，后期变为深绿色，严重时可使菌袋全部变成墨绿色。

防治方法：用 2% 甲醛和石炭酸混合液或用克霉灵、除霉剂注射受害部位；亦可用"厌氧发菌"法防治绿霉：将感染严重的菌袋单层平放，上覆盖潮细土 3～5cm，待香菇菌丝布满菌袋后取出，此期间须遮阴，常检查，防高温；也可利用温差进行控制，根据香菇菌丝和绿霉菌丝所需温度不同，把感染后的菌袋处理后运出培养室，置于 20℃ 以下阴凉通风的环境中，可抑制绿霉的扩散，香菇菌丝亦能正常生长。

（5）脉孢霉，又称链孢霉、红色面包霉。

症状：在无性阶段初为白色粉粒菌落，后呈粉红色，主要靠分生孢子传播，是高温季节 7—8 月发生的重要杂菌，来势猛，蔓延快，为害大。该菌一旦发生，菌种、栽培袋将成批报废。

防治方法：①脉孢菌喜高温潮湿，因此首先避免高温湿环境。②在培养料中加入占干料重量 0.2% 的 25% 多菌灵或 0.1% 的 75% 甲基托布津，可抑制培养料中残存的或发菌期侵入的病原分生孢子。③菌袋发菌初期受害，应用 500 倍液甲醛稀释液或用煤柴油滴在未完全形成的病原菌落上；发菌后期受害，可将菌袋埋入 30 ~ 40cm 透气性差的土中，经 10 ~ 20 天缺氧处理后可有效减轻病害，菌袋仍可出菇。

（6）青霉。

症状：菌丝前期多为白色，与香菇菌丝很难区分，后期转为绿色、蓝色、灰色、肝色，在 20 ~ 25℃ 酸性环境中生长迅速，与香菇菌丝争夺养分，破坏菌丝生长，影响子实体形成。

防治方法：①加强通风降温，保持清洁，定期消毒。②局部发生可用防霉 1 号、2 号消毒液注射菌落，亦可用甲醛注射，进行封闭。

（7）曲霉。

症状：初期为白色，后期为黑、棕、红等颜色，菌丝粗短。香菇菌丝受感染后，很快萎缩并发出一股刺鼻的臭气，致使香菇菌丝死亡。

防治方法：①加强通风控制喷水，降低温度和湿度。②严重时可用 1：500 倍液托布津或防霉 1 号、2 号消毒液处理病处。

（8）螨类。又名红蜘蛛，无触角、无翅、无复眼，身体不分节。

症状：潜藏在厩肥、饼粉、饲料、培养料内，取食香菇菌丝、幼菇、成熟菇、贮藏干菇，还给栽培者和消费者身体健康带来为害。

防治方法：①一旦发现螨害的菌种应马上拣除，并进行高温药物处理，发生螨害的菌种不能继续用作繁殖的栽培种。②对发生过螨害的菌种培养室用敌敌畏、磷化铝、磷化钙进行熏杀；菌种放置前用 20% 三氯杀螨砜可湿性粉剂 0.25kg 加 40% 乐果 0.25kg 或可湿性硫磺 1~2.5kg，再对水 250kg 喷洒菇棚。③当温度低于 25℃ 时，改用 20% 的三氯杀螨砜可湿性粉 0.25kg、加 25% 菊乐合酯 0.25kg，再对水 250kg 喷雾即可。④菌种培养期间，用 500g 药粉处理 200 瓶菌种或 20m² 培养场，每 25~30 天处理 1 次；轻微螨害的栽培种在使用前 1~2 天可用蘸有少许 50% 敌敌畏的棉花球塞入种瓶内以熏杀螨虫；螨害较重的菌种应在报废的同时及时用杀螨剂进行喷杀。

（9）线虫，是一种粉红色线状蠕虫，体长 1mm 左右，繁殖很快。

症状：蛀食香菇子实体，并带细菌造成烂菇，致使小菇蕾萎缩和死亡。

防治方法：线虫发生时用 1% 生石灰与 1% 食盐水浸泡菌袋 12 小时即可杀灭。

（10）跳虫，又叫香灰虫、米灰虫。

症状：幼虫白色。成虫灰蓝色，弹跳如蚤，繁殖很快，常聚集在接种穴周围或菌柄和菌褶交界处，为害菌丝，致使菇蕾和菇体枯萎死亡。

防治方法：若发现跳虫，可用除虫菊酯类药物杀灭。

（11）蛞蝓，俗称黏黏虫，成虫体长 5~8cm，虫体呈灰白色，头尾稍尖，腹部能分泌黏液，爬行后呈白色薄层液迹。

症状：白天潜伏在阴暗潮湿处，夜间出来咬食菌伞、菌褶，有时还藏在菌褶中蛀食。

防治方法：发现虫害后，可用 1% 菜饼液或用 5% 食盐液喷洒；在蛞蝓经常活动的地方撒生石灰或白碱，沾在蛞蝓体上即死，也可人工捕杀。

（12）香菇蛾。幼虫体白色头黑色，长 7~8mm，成虫长 0.5~0.6cm，前翅暗褐，后翅黄褐，触角丝状，躯干黄乳白色。

症状：香菇蛾一年可繁殖 4 代，其幼虫可成年轮番生息在菇木内，造成死穴增多，影响菌丝蔓延，使菇木利用率下降，产量减少。成虫在干香菇上产卵，如遇干菇含水量较高，卵即孵化成成虫，初期多居于菌褶内或香菇碎屑中，侵害香菇盖面，使香菇失去商品价值。

防治方法：①防止干香菇被侵食比较困难，最重要的是将香菇含水量保持在 13%以下。香菇烘干后及时套入二层塑料袋装进铝膜纸箱，包装箱密封前，最好放进一些氯化钙等吸湿剂，可以长期保存香菇不受侵害。梅雨季节应定期检查，一旦发现返潮，应及时烘烤。②如干香菇已受到香菇蛾的侵害，可用二硫化碳或氯化苦熏蒸，每 15kg 干菇内放入 5mL 的二硫化碳，即可杀灭香菇蛾的幼虫或成虫。二硫化碳易燃，熏蒸时应注意防火。氯化苦有强烈刺激臭味，渗透性很强，具有较强的杀虫力。

（13）甲虫类。甲虫类害虫大多属于鞘翅目昆虫，常见的有赤拟谷盗、脊胸露尾虫。

症状：这两种甲虫的幼虫均咬食用褶和香菇，影响香菇品质，成虫潜伏于菌褶内产卵。

防治方法：同香菇蛾。一旦发生大量虫害，可将香菇置于 60℃烘干室 2~3 小时，即可杀死害虫。

（三）收获与加工

1. 采收

（1）采收时间。采菇最好在晴天进行，因为晴天采的菇水分少，颜色好；雨天采的菇水分多，难以干燥，且在烘烤过程中颜色容易变黑，加工质量难以保证。室内用袋料栽培的香菇，采收前菌棒（块）最好不要直接喷水。

（2）采收方法。冬季气温低，香菇生长缓慢，采下的菇肉肥厚、香气浓、质量好。

秋、春季节因气温较高，长成的菇肉薄菇柄长，产量虽高，但质量不如冬菇。香菇采收的标准以七八成熟为宜，即在菇盖尚未完全张开，菌盖边缘稍内卷时采收。采收过早，产量较低；过迟则质量不佳。最好是边熟边采，采大留小，及时加工。采菇时用拇指和食指按住菇柄基部，左右旋转，轻轻拧下。不要碰伤周围的小菇，也不要将菇脚残留在出菇处，以防腐烂后感染病虫害，影响以后的出菇。采下的菇要轻拿轻放，小心装运，防止挤压破损，影响香菇质量。

2. 加工

香菇采收后，应力争做到当天采摘，当天加工、干燥，以免引起菇体发黑变质和腐烂。香菇主要进行干制加工，干制后香味更加浓郁。加工干燥的方法主要有日晒干燥和烘烤干燥两种。

（1）日晒干燥法。香菇干燥以日晒最方便易行，且晒干的菇中维生素D的含量较高。方法是把采回的香菇即时摊放在水泥晒场或其他晒台上（九成以上干）。在太阳下晒时，先把香菇菇盖向上，一个个摆开，晒至半干后，将菇盖朝下，晒至九成以上干。如遇阴雨天，再补用火力烘干。

（2）烘烤干燥法。香菇采下后应装在小型筐篓内，不要装得太多，以免挤压，并应在当天进行烘烤。一般做法是将香菇摊放在烤筛上，然后送入烘房。开始温度不超过40℃，以后每隔3~4小时升温5℃，最高不超过65℃。烘房应有排气设施，边烤边排气，否则香菇的菌褶会变黑而影响质量。烤至八成干后，即取出摊晾数小时，再复烤3~4小时，至含水量在13%以下。这样香菇烘干湿一致，色泽好，香味浓。干制后的香菇应及时进行分级处理，分级后迅速密封包装，置干燥、阴凉处贮藏，或上市销售。

四、黑木耳

黑木耳是一种腐生真菌类植物，其营养极为丰富。

（一）栽培技术

1. 季节安排

12月下旬制作母种，翌年1月制作原种及栽培种，2月制作菌棒，4月中旬排场，进入出耳管理。

2. 种植场地

（1）菌场选择。选择光照适度、离水源较近，但不积水、通风好的林地。北方实行林耳间作，以树龄3年以上为宜。树龄过小，起不到遮阴的作用；树龄过大，套种行内光照不足，不利子实体生长发育。子实体生长阶段常以"3分阳、7分阴"为光照强度界限，确定是否加盖遮阳网。

（2）林地小拱棚建立。林地内隔行顺行搭建小拱棚，每隔2m用竹片做拱，每隔4m在拱的最高处立一支架。棚高1m、宽1.5m，棚内顺行平拉7道铅丝，铅丝距地面30cm、间距20cm，拱棚顶部架设自动微喷系统，便于喷水管理，微喷与管道一般长度不超过70m，以保证喷水雾化好、水量均匀。如棚室过长应加设主管道进行分段控制。上架时将菌棒斜靠在铅丝上，注意摆放均匀，棒与棒之间相隔30cm左右，每平方米放置15棒为宜，每亩地可摆放10 000棒左右。

（3）整地做床。先在栽培场地四周挖好排水沟，清除地面杂物。在3~5年树龄的树林行间进行整地做畦，采取南北或顺坡方向，做宽1.0~1.5m、深20cm、长度不限的浅畦，畦底压实。畦间留0.5m宽的作业道（雨季可作排水沟），畦内棒间行距和间距均为20cm。摆棒前，顺着畦面铺盖厚3cm左右的稻草、麦秸或干净沙子，以防畦田内水分蒸发和将来木耳沾上泥土，降低品质。然后，撒1层石灰粉或驱虫剂杀虫，灌1遍透水。

3. 栽培袋制作

（1）栽培原料及配方。

①苹果、梨等各种阔叶树枝木屑 20%，棉籽壳 50%，玉米芯等各种农作物秸秆 20%，麸皮 10%。

②苹果等各种阔叶树枝木屑 70%，各种农作物秸秆 20%，豆饼或棉籽饼 5%，麸皮 5%。

③棉籽壳 60%，各种作物秸秆 30%，麸皮 10%。

④棉花秆粉碎屑 60%，棉籽壳 30%，麸皮 10%（能够用来栽培的原料还很多，只要注意营养搭配，掌握 C：N＝（30~40）：1 即可）。

以上各配方，按 100kg 主糊加辅料磷酸二铵 0.6kg，石膏 2kg，石灰 0.5kg。

（2）拌料。一般选择在水泥地面上进行拌料与装袋。将料充分拌匀，含水量达 60%~65%（手紧握培养料，手指缝间有水滴欲滴而不下滴为宜）。拌的料要当天拌当天使用，否则容易变酸发臭。

（3）装袋。塑料袋的选择非常重要，高压灭菌应选择聚丙烯塑料袋，常压灭菌要选择聚乙烯塑料袋。我们一般是常压灭菌，因此选择聚乙烯塑料袋，规格 17cm×35cm 比较适宜，也可以选择 17cm×55cm 的塑料袋。装袋时要松紧适宜，过多过实，易造成塑料袋破裂；装料过松，菌丝纤弱无力。袋装好后，用直径 2cm 的圆木棒从中间打眼，打到底，再旋转拔除，然后套上颈圈。

（4）灭菌。装好袋后要及时装锅灭菌，防止变酸。装锅时要注意留出蒸汽循环的通道，不能形成死角。常压灭菌时当料温达 100℃，开始记时，保持 8~9 小时，焖锅 1~2 小时后开锅，待锅内温度降到 60℃ 以下时趁热出锅。

（5）接种。接种在接种箱内进行，用接种钩（匙、铲）沿

瓶壁挖出黄豆粒至花生粒大小的菌种，接入袋内培养基孔内，每棒2~3块，随后扎口。

（6）发菌。将接好菌的菌袋及时放入培养室培养，室温控制在25~28℃。一般接种5~7天后，菌丝往下生长，这时检查菌袋内有无杂菌，发现后及时挑出；接菌15天后，菌种已全部覆盖料面，这时将温度降到20℃左右，后期培养温度宁低勿高，低温养菌虽然生长发育慢，培养期长，但菌丝粗壮，生命力强，产量高。在养菌期，培养室要经常开门或用换气扇换气，保证室内有足够的氧气，空气相对湿度保持在60%。

4. 菌袋入畦

选择早晚或雨后的晴天开洞。在畦床边开洞，边排棒，边盖湿润草帘。割口刀片用刮脸刀片或手术刀片，17cm×33cm的菌袋，每棒均匀割8~12个洞，"品"字型排列，要割"V"形口，角度45°，边长1cm，深度0.5cm，见浅层菌丝割断，适宜菌丝扭结形成原基。"V"形口如同一个小门帘，防止浇水进入棒内引起污染。划完口的棒立即排于畦床上，棒与棒间隔3cm，盖上湿润草帘（如气温低，可盖塑料膜，但应注意定时通风），进行催耳。

（二）管理技术

1. 耳基形成期管理

春耳划口后，常因早春气温低、空气干燥，造成原基形成慢、出耳不齐等现象，延长出耳期，影响产量。床内温度15~25℃，温差8~10℃，相对湿度保持80%~90%时，适合原基形成。如温度低，可在草帘上覆盖薄膜或小拱棚来保湿增温催耳；温度高，则加盖1层草帘来降温保湿。早晚通风，每次10~20分钟。该期管理的关键是增氧、加湿、闭光，达到"9分阴、1分阳"。

2. 分床

分床管理要适时，最佳时期是分化出锯齿状曲线耳芽时。要在晨曦或夕照中揭开草帘，将棒疏散开，按 20cm×20cm 品字形摆放。若分床过晚，会造成耳片粘连，甚至导致床内感染。

3. 出耳及成熟期管理

在适宜的温度、湿度、通风和光照条件下，一般分床 7~12 天，肉眼能看到洞口有许多小黑点产生，并逐渐长大，连成一朵耳芽（幼小子实体）。这时需要更多的水分、15~25℃的温度、较强的散射光照和良好的通风。如果遇见连阴雨天气，可把已形成耳芽的栽培袋挂在露天下，温、湿、光、空气都能充分满足，耳芽发育更快。在适宜的环境条件下，耳芽形成后 10~15 天，耳片平展，子实体成熟，即可采收。

4. 采耳后管理

每采完一潮耳，结合菌棒间歇期，将整个耳场消毒杀虫，常用的杀菌剂有：二氯异氰脲酸钠、顺反氯氰菊酯、菇净（均为食用菌登记用药，符合绿色食品生产标准）。一般 5 天左右，新菌蕾呈现后，再按上述方法管理。每投一批料，可采 3 潮耳，生物学效率可达 120%。

5. 病虫害防治

（1）黑木耳绿霉病。

症状：菌袋、菌种瓶、接种孔周围及子实体受绿霉菌感染后，初期在培养料段木或子实体上长白色纤细的菌丝，几天之后，便可形成分生孢子，一旦分生孢子大量形成或成熟后，菌落变为绿色、粉状。

防治方法：①保持耳场、耳房及其周围环境的清洁卫生。②耳房、耳场必须通风良好，排水便利。③出耳后每 3 天喷 1 次 1%石灰水，有良好的防霉作用。④若绿霉菌发生在培养料的表面，尚未深入料内时，用 pH 值为 10 的石灰水擦洗患处，可控制绿霉菌的生长。

（2）烂耳（又名流耳）。

症状：耳片成熟后，耳片变软，耳片甚至耳根自溶腐烂。

防治方法：①针对上述发生烂耳的原因加强栽培管理，注意通风换气、光照等。②及时采收，耳片接近成熟或已经成熟立即采收。③可用 25mg/kg 的金霉素或土霉素溶液喷雾，防止流耳。

（3）霉菌。

症状：青霉、木霉是木耳菌块上最常见的杂菌。

防治方法：①选用抗霉能力较强的菌株。②选用新鲜原材料越夏。③在培养料中增添抗霉剂，目前认为比较有效的方法是用 0.1%高锰酸钾水溶液，或用石灰清水拌料，后者还能防治培养料偏酸。④用已经满瓶的菌种压块，挖瓶。压块用具和薄膜都要用 0.1%高锰酸钾溶液消毒。压块后 1 周时间内，菌丝尚未完全恢复，若有霉菌出现，可用饱和石灰水清液涂抹患处。⑤保护环境清洁出菇期间，在采收第 1 批木耳后，每 3~5 天在地面喷 1 次 1%石灰水，或用 1%~2%煤酚皂溶液，或用 0.1%多菌灵，或交叉使用，以控制杂菌生长。⑥加强水分管理，要根据菌块水分散失情况和空气流量。

（4）蓟马。

症状：从幼虫开始为害木耳。侵入耳片后吮吸汁液，使耳片萎缩，严重时造成流耳。

防治方法：用 500~1 000 倍液 40%乐果乳剂、1 000~1 500 倍液 50%敌百虫可湿性的药液、1 500倍液马拉硫磷喷杀。

（5）伪步行虫

症状：成虫啃食耳片外层，幼虫为害耳片耳根，或钻入接种穴内啃食耳芽，被害的耳根不再结耳。入库的干耳回潮后，仍可受到为害。

防治方法：①清除栽培场所的枯枝落叶，并喷洒 200 倍液敌敌畏药液，可杀灭潜伏的害虫。②虫害大量发生时，先摘除耳片，再用 1 000~1 500 倍液敌敌畏药液喷杀；也可用 500~800 倍液鱼藤精、500~800 倍液除虫菊乳剂、1 500 倍液马拉硫磷防除，还可用 1 000~2 000 倍液 50% 敌百虫可湿性药液浸段木。在芒种和处暑期间，每次拣耳之后，都可用上述药物喷洒 1 次。

（三）收获与加工

1. 收获

一般 25~30 天即可采收。采收前最好 2 天停止浇水。

（1）采收标志。7~8 分成熟，耳片充分展开，耳根收缩，边缘变薄，即将弹射孢子，腹面出现白粉。

（2）采收方法。用手从上往下掰，带下一部分培养基，不要耳根留在上面。

2. 加工

木耳采摘后，因含水量高，如堆积在一起，很容易发热腐烂变成耳团，所以要及时处理。一般是去掉袋上的培养基后放在水泥地板上让烈日晒干。水泥晒场很快吸去黑木耳中的一部分水分，加上烈日暴晒，能在一天内晒干。如遇阴雨天气，可把木耳置于干净砖面上，让砖吸去部分水分，也可混进一些干木耳吸去部分水分，然后摊开，待晴天晒干。也可把鲜木耳装入筐或袋里，浸泡在活水中，或把鲜耳放入盛清水的缸里，但缸里的清水要经常换，待天晴后再晒耳（木耳一般不可烘烤，因烘烤后会降低质量）。木耳未干前，不要翻动，以免出现耳团。万一出现耳团，可把耳团放在水里浸一下，使耳片伸展，然后再摊开晒干。

第四章 林下药材种植技术

第一节 林下种植药材概述

一、林药模式

林药模式是指在林间空地上间种较为耐荫的中药材，特别是那些怕高温、忌强光的药材，可有利于药材的生长。

山地经济林针对不同的树种、同一树种不同的树龄，林地不同的地势、不同坡向选择不同的药材。即在阴面、郁闭度达中、密程度的斜坡柞木林下以人参为主；在阴坡疏林或林缘的柞木林下以黄芪、桔梗为主；在中密度的半阴坡、杂木林下以人参、西洋参、细辛为主；在疏林地、林地边缘或林间空地、采伐带上的柞、杂等硬阔林下以百合、延胡索、党参、刺五加、五味子等为主。

二、经济效益示例

以在林下套种知母为例，知母是多年草本植物，生长周期为2年，适合林下套种，种植知母可以用种子直接种植，正常情况下亩用种子6kg，生长期两年；如果采用种苗种植方法，亩用种苗80kg，生长期一年。一般情况下知母的亩产量在280kg左右，目前市场价格为15~18元，总体算下来，种植知母1亩地增收4 200~5 040元。

第二节　林下主要药材种植技术

一、芍药

芍药为常用中药，根供药用，栽培的芍药经过处理，其药材为白色，称为白芍，以区别于野生的赤芍。有养血、敛阴、柔肝、镇痉、止痛的功效。用于血虚肝旺引起的头痛、头晕、胸胁痛、泻痢腹痛、月经不调、崩漏、自汗盗汗及冠心病等症。

（一）栽培技术

1. 选地、整地

选择土质疏松、土层深厚、地势高燥、排水良好、土质肥沃的沙质壤土、夹沙黄土及冲积壤土。

在秋季进行深翻地，耕深30~50cm，同时施入基肥，每亩施腐熟人粪尿1 000~1 500kg，然后纵横耙3~4遍。芍药一般采用畦作，畦作分为平畦和高畦两种，畦宽为1.1~1.2m，如做高畦，畦高为17~20cm，畦间留30~40cm作业道。

2. 栽植

商品生产田采用分根和芍头繁殖方法栽植。

（1）芍头的准备。芍头是指芍药根上的更新芽，药农称其为"芍头"或"芍芽"。当秋季收获芍药时，将芍头切下做栽植材料，芍药根则加工成白芍。切下的芍头按大小、芽的多少，顺其自然生长形状，用刀切成2~4个。每个芽头应有粗壮的芽苞2~3个。每个芍头厚度在2cm左右。过薄养分不足，生长不良；过厚主根不壮且多分枝。切后可直接进行栽种。如不能直接栽种，就应进行贮藏。

芍头贮藏有两种方法。一是在室内堆藏。贮藏室应通风、阴凉、干燥。在室内地上铺细沙或细土8~10cm，然后将芍头堆放其上，贮藏时芽朝上，依次排放，厚15~20cm，上面再加盖细沙或泥土12cm。要保持沙和细土的湿润，每过15~20天要检查一次，如细沙和细土漏入芍头中，要及时加盖细沙或细土。注意防止发霉或干烂。另一种是坑藏。选地势高燥的平地，挖一长方坑，坑宽70cm，坑深20cm，长度根据芍头数量确定。坑底清理平整后，铺6~10cm细沙，然后堆放一层芍头。此时芽向上，覆一层湿细沙，厚6~10cm，芽头可稍露出土面，以便检查。

（2）分根。还可以用分根方法选取种苗。在采收芍药时，将粗大的芍根从芍头着生处切下，作药材。留下较细的根（像铅笔杆那么粗），按其芽和根自然生长的势头，剪成2~4株，每株需留壮芽1~2个，根1~2条，根的长度为18~22cm，方法同上。

（3）栽种。栽种时间从8月上旬至10月均可，要根据不同地区确定。栽种前将芍头按大小分级，分别栽种，有利于苗齐，长势相同，便于管理。栽种时采取穴栽方法，行距50~60cm，株距40cm，穴深12cm左右，穴径20cm。每穴栽1~2个芍头或一个分根。穴挖好后，可先松底土。施入腐熟厩肥等肥料，与底土拌匀，厚5~7cm。然后进行栽种，每穴种芍头1~2个，芽头向上，摆在正中，边覆土，边用手固定芍头，最后再施入少量黑土，盖土要高过畦面，成馒头形，以利越冬。

一般每亩用芍头100~150kg。1亩芍药根的芍头可供2~5亩使用。

（二）管理技术

芍药种植后3~4年才能收获，因此每年都要认真管理。

1. 放封和封土

栽种后第二年3月上中旬，芍药嫩芽开始萌动，并先后出土，因此要提前去掉堆土，一般在幼苗出土前4~5天进行。做此工作必须细心，以防伤害幼芽。此工作药农称为"放封"。放封时可进行杂草清除。

到秋季地上部分枯萎后，应及时剪去枝秆，扫除枯叶（可集中烧毁，防止黑斑病菌下土越冬），结合封土施肥，封土时将周围细土堆成高 9cm 的圆形小土堆。

2. 中耕除草

每年春季，第 1 次除草时，由于芽刚刚生长，因此宜浅耕。以后 4、5、6 月各松土除草 1 次。7、8 月高温雨季，应停止中耕除草。

3. 追肥

除栽植时施基肥，当年不追肥外，以后每年可追肥 3~4 次。第一次于 3 月中旬，每亩施人粪尿水 1 200~1 500kg，第二次于 4 月上中旬，每亩施人粪尿水 1 500kg、氯化钾 20kg，第三次可于 7 月初施入，施肥量同第二次，但不加氯化钾，第四次于封土前进行，每亩施人粪尿水 1 000kg、饼肥 50~100kg、过磷酸钙 25~40kg。

另外还可从第二年开始，每年 5、6 月进行一次根外追肥，用 0.3%磷酸二氢钾溶液进行叶面喷洒，增产效果显著。

4. 排水灌溉

芍药性喜干旱，抗旱性强，因此一般情况下不需灌水，只需在入夏时在株旁壅土培土或行间盖草，即可避免高温干旱的为害。芍药怕湿，更怕积水，因此，在夏季多雨时节，要做好防水排涝工作。

5. 摘蕾

药用芍药应及早摘蕾，以利根的生长，一般于 4 月中旬花蕾出现时，选晴天将花蕾全部摘除。留种做良种繁育的植株，可留下大的花蕾，其余的也要摘除，以保证留种的种子籽粒饱满。

6. 病虫害防治

（1）灰霉病，又称花腐病。

症状：为害叶、茎和花。叶片感染病菌后，先从下部叶的叶尖和叶缘开始，病斑褐色，近圆形，上有不规则轮纹，以后长出灰色霉状物；茎上病斑褐色，菱形，软腐后植株折断，花发病后花瓣变褐腐烂。

防治方法：①冬季清除病株。②实行轮作。合理密植，增加株间通风透光。③发病初期喷多菌灵 800~1 000 倍液或乙磷铝 200 倍液，也可用 1∶1∶100 波尔多液，每隔 7~10 天喷 1 次。

（2）叶斑病，又称轮纹病。

症状：为害叶片。发病时正面为灰褐色，近圆形病斑，后扩展为同心轮纹状病斑，上有黑色霉状物。

防治方法：①增施磷、钾肥，给叶面喷施磷酸二氢钾水溶液。②发病初期喷 50%多菌灵 800~1 000 倍液，或用 50%托布津 1 000 倍液，每 7~10 天 1 次，连续数次。

（3）锈病，又称刺锈病。

症状：为害叶片。叶背面有黄色或黄褐色颗粒状物，后期叶面出现圆形、椭圆形或不规则的灰褐色病斑；叶背面出现暗褐色刺毛状物。

防治方法：①种植地远离松柏类植物。②发病初期喷 25%粉锈宁或代森锌 500 倍液。

（4）软腐病。

症状：病菌从种芽切口侵入根部，根最初出现水渍状褐色病斑，后变为黑褐色，使根部变软，病部生有灰白色绒毛，严重时使根条干缩僵化。

防治方法：①贮藏芍头时用的沙土，要用 0.03%新洁尔灭消毒。②芍头也要用 0.3%新洁尔灭消毒。③贮藏用的沙土含水量不要过大，以手握成团，松开即散为好。

（5）虫害。

症状：蛴螬、蚜虫、地老虎等也为害芍药。

防治方法：可按一般常规方法防治。

（三）收获与加工

1. 收获

芍药在种植3~4年后即可收获。收获期不同地区时间不同，从6月下旬至9月收获，但收获期不能早于6月下旬，过早会影响产量和质量，过晚新根发生，也会影响产量和质量。收获时选晴天，割去地上部分，将根挖出，粗根从芍头着生处切下，做商品药材。去掉侧根，修平凸面，切去头尾，按大、中、小分成3个等级，分别堆放在室内2~3天，每天翻动2次，促使芍药根水分蒸发，质地变柔软，以利加工。

2. 加工

芍药加工分为檫白、煮芍、干燥3个步骤。选择近期内不下雨的日子加工。具体加工方法如下：

（1）檫白。即搓去芍根的外皮。先将芍根装入竹篓中，浸泡于流水或水塘中，2~3小时，然后将芍根捞出，放置在特制的木床上搓檫（木床高60cm，宽80~100cm），在木床两端各站两人，每人拿一木槌，互相交叉来回搓动，推时加入一定量的黄沙，增加摩擦力，每次推撞20~30分钟，待皮檫去后，用水洗去泥沙，使芍根表面洁白，浸入清水或流水中待煮。另一种方法是用竹片等物刮去芍根的外皮，随即浸入清水中待煮。

（2）煮芍。是加工过程中最重要的一环。先将锅水烧至80℃，把芍根从清水中捞出，倒入锅中，每次多少视锅大小而定。每次10~25kg，水的数量以浸没芍根不露水面为度。煮时不断上下翻动，保持锅水微沸，太沸时要及时加入冷水。煮芍时间一般小的芍根煮5~10分钟，中等芍根煮10~15分钟，大的芍根煮15~20分钟。煮至无生心为准。判断是否煮透可采取以下方法：①从锅内捞出的芍根，用口吹气，见芍根上水气迅速干燥，表明熟过心，即可捞出。②用竹针试刺，如容易刺穿，即为熟透。如针刺费力，尚需再煮。③用刀切去头部一段，见切面色泽一致无生心，表明煮熟煮透，应迅速取出晾晒。④在切面用碘酒擦一下，切面蓝色即褪，表明芍根已煮好。最好几种方法配合使用，效果更好。

煮好的芍药应迅速从锅里捞出，送往晒场摊晒。

（3）干燥。把煮好的芍根迅速运往晒场，薄薄摊开，先暴晒 1~2 小时，要不断翻动，使表皮干燥一致，以后渐渐把芍根堆厚暴晒，使表皮慢慢干燥。晒 4~5 天后，停止暴晒，在室内堆放回潮 2~3 天，使内部水分外渗，然后继续暴晒 4~5 天，再在室内堆放 3~5 天，然后晒至全干，即可做商品出售。

二、柴胡

柴胡别名香柴胡、北柴胡，为伞形科植物北柴胡，以根入药。性苦、微寒，对肝、肺有解表和里、升阳、疏肝解瘀的调经作用。主治感冒、上呼吸道感染、疟疾、寒热往来、肋痛、肝炎、胆道感染、胆囊炎、月经不调、脱肛等症。

（一）栽培技术

1. 选地、整地

选择沙壤土或腐殖质土的山坡梯田栽培，不宜选择黏土和易积水的地段种植。如果是在开垦的荒地播种时，应清除田间的石块、树枝等。播前施足基肥，每公顷施圈肥 22 500kg 左右、过磷酸钙 75kg，均匀撒入翻耕 25~30cm，而后仔细耙平，作畦宽 100~130cm 的平畦或 30cm 宽的高垄备播种。

2. 繁殖方法

用种子繁殖，可直接或育苗后移栽。大面积生产多用直播，种子发芽率 50% 左右，温度在 20℃ 左右，有足够的湿度，播种后 7

天即可出苗，如果温度低于20℃，则需要十几天才能出苗。

（1）直播。于冬季结冻前或春季播种。春播于3月下旬至4月上旬进行，播前应将地先浇透水，待水渗下，坡地稍平时按行距17~20cm条播。沟深1.8cm，均匀撒入种子，覆土0.7~1cm，每公顷用种子22.5kg左右，经常保持土壤湿润，10~12天出苗。

（2）育苗移栽。育苗移栽选阳畦，在3—4月播种，条播或均匀撒播。条播行距10cm，划小浅沟，将种子均匀撒入沟内，覆土盖严。稍镇压一下，用喷壶洒水，或者先向阳畦的床上灌水，待水渗下后再行播种。均匀撒完种子后，再用竹筛筛上一层细土覆盖畦面，播种畦上加盖塑料薄膜或盖上一层草帘，有利于保温保湿，可加速种子发芽出苗。待苗高7cm时即可挖取带土块秧苗定植到大田去，行距17~20cm，株距7~10cm，定植后要及时浇水。定植苗生出新孢，叶片开始扩展的时候，轻轻松土一次。做好保墒保苗工作是高产的关键。

（二）管理技术

1. 除草

出苗前保持土壤湿润，出苗后要经常锄草松土。直接在苗高3cm时，间过密的苗。苗高7cm时结合松土除草，按7~10cm株距定苗。苗长到17cm高时，每公顷追施过磷酸钙225kg、尿素75kg。在松土除草或追肥时，注意勿碰伤茎秆，以免影响产量。第一年新播的柴胡茎秆比较细弱，在雨季到来之前应中耕培土，以防止倒伏。无论直播或育苗定植的幼苗，生长第一年只生长基生叶，很少抽薹开花。第二年田间管理时，7—9月花期除留种外，植株及时打蕾。目前，野生的柴胡不易收到种子。在人工栽培的场地最好留有采种圃，注意繁殖收获种子，以利扩大种植面积。

2. 病虫害防治

（1）锈病。

症状：是真菌引起的，为害叶片。病叶背略呈隆起，后期破

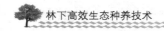

裂散出橙黄色的孢子。

防治方法：采收后清园烧毁，发病初期喷50%二硝散200倍液或敌锈钢400倍液，10天喷1次，连续2~3次。

（2）根腐病。

症状：主要为害柴胡的根部，腐烂枯萎死亡。

防治方法：①打扫田间卫生，燃烧病株，高畦种植，注意排水。②土壤消毒，拔除病株，用石灰穴位消毒。

（3）黄凤蝶。

症状：在6—9月发生为害。幼虫为害叶。花蕾，吃成缺刻或仅剩花梗。

防治方法：人工捕杀或用90%敌百虫800倍液，每隔5~7天喷1次，连续2~3次。用青虫菌（每克含孢子100亿）300倍液喷雾效果也很好。

（4）赤条棒蟓。

症状：6—8月发生为害。成虫和若虫吸取汁液，使植株生长不良。

防治方法：人工捕杀或用90%敌百虫800倍液喷杀。

（三）采收与加工

1. 收获

播种后第二年10—11月地上部枯萎后收获。也可以在第一年或第三年收获。第一年收获产量较低，但质量好。1年生亩收干货可达50~90kg，2年生收干货达90~180kg。

2. 加工

挖起全株，除去茎叶，抖净泥土，剪除毛须、侧根及残茎、芦头，留茬1cm以内，趁湿理顺，按等级规格捆把，干燥后即可销售。

三、金银花

金银花为忍冬科多年生半常绿缠绕灌木，以花蕾（金银花）

和藤（忍冬藤）入药，有清热解毒的功能。主治温病发热、风热感冒、咽喉肿痛、肺炎、痢疾、痈肿溃疡、丹毒等症。全国大部分地区都有栽培，金银花适应性强，对气候、土壤的要求不严，较耐寒、耐盐碱。山区、平原都可种植。主根深，根系发达，在疏松肥沃、排水良好的向阳地上生长良好。

（一）栽培技术

可用种子和扦插繁殖，生产上以扦插繁殖为主，成活率高，见效快。

1. 种子繁殖

一般在清明前后播种，播种前将种子放入 35～40℃ 的温水中，浸泡 24 小时，取出拌 2～3 倍湿沙催芽，2 周左右种子裂口达 30% 左右时，即可播种。播种时按行距 20～22cm 开浅沟，将种子均匀撒在沟里，覆盖细土 2～3cm。播种后保持地面湿润，畦面可盖一层草，每隔 2 天喷一次水，10 余天即可出土。秋后或第二年春季移栽，每亩用种子 1kg 左右。

2. 扦插繁殖

可直接扦插也可扦插育苗。扦插时间一般在 7—8 月雨季进行。选择健壮无病虫害的 1～2 年生枝条截成 30cm 左右长，剪去下部叶片作插条，随剪随插。在选好的地里按行距 160cm、株距 140cm 挖穴，穴深约 15cm，每穴 5～6 根插条，分散斜埋于土内，地面露出 8～10cm，栽后填土压实，并浇水。

3. 扦插育苗

为管理方便和节约插条，常采用扦插育苗，育苗地要选有水源的地方，按行距 20cm 开 15cm 深的沟，把插条按 3cm 左右的株距斜放在沟里，地面露出 8～10cm，后填土盖平压实，栽后浇水，保持土壤湿润，半个月左右即可生根发芽，当年秋季或第二年春移栽。

4.定植方法

定植时间在春、秋进行，按行株距 160cm×140cm 挖穴，每穴施入土杂肥 5kg 于穴底与土拌匀，然后栽苗 1~2 株，填土压实，然后浇水，一般 15~20 天成活。

（二）管理技术

1.除草

要经常注意除草松土，保持花墩周围无杂草。每年早春解冻后和秋冬封冻前都要进行松土、除草和培土。

2.合理追肥

每年早春和初冬，结合松土除草在花墩周围开环形沟，每墩施入堆肥或厩肥 5kg、尿素 40~50g、过磷酸钙 150~200g、或磷铵 40~50g，施后覆土并于根际培土厚 5cm。此外，每采完一次花都要追一次肥，每亩用尿素 15kg，开沟撒入，再用土覆盖。

3.修枝整形

合理修剪是提高金银花产量的重要措施。金银花的自然更新能力较强，新枝分生多，已结过花蕾的枝条当年不能再结花蕾，只有在原结花蕾的母枝上萌发的新梢，才能再结花蕾，具体修剪方法如下。

（1）幼株修剪。在主干（枝）下面留 1~2 个芽，2 节以上的芽摘除；从主干长出的一次分枝上留 2~3 个芽，3 节以上的芽摘除；从 1 次分枝长出的第二次分枝上，留 3~4 节的芽，4 节以上的芽全摘除；再将 2 次分枝上长出的嫩梢部分摘除。通过摘芽，金银花便从原来的缠绕性生长，变为短节丛生小灌木。

（2）成株修剪。要根据品种、株龄、枝条类型和生态环境具体确定。匍匐型的"大毛花"，因其冠幅大（120~140cm），分枝多而长，节稀疏，应重剪。剪长枝、疏短枝。壮花墩以轻剪为主，少疏长留。幼龄花墩以短剪为主，以促进分枝，扩大冠幅；立体形的"鸡爪花"，主杆明显，冠幅较小（80~120cm），分枝少而短，节密集，故宜轻剪。修剪时注意去顶、清脚丛、打内膛，剪去过长枝、病弱枝、枯枝、下延枝，使枝条成丛直立，主干粗壮，分枝均匀，成伞形。这样通风透光好，新枝多，花蕾也多。

（3）修剪时间。冬季修剪在12月至翌年2月下旬均可进行；夏季修剪在每次采花后进行，第一次于6月上旬剪春梢，第2次在7月下旬采二茬花后剪夏梢，第三次在9月上旬三茬花后剪秋梢。生长季修剪宜轻剪。

4. 越冬保护

在寒冷地区种植金银花，要保护老枝条越冬。老枝条若被冻死，次年重发新枝，开花少，产量低。一般在封冻前，将老枝平卧于地上，上盖蒿草6~7cm，草上再盖土，以利安全越冬，第二年春萌发前再去掉覆盖物。

5. 病虫害防治

（1）褐斑病

症状：主要为害叶。发病后叶片上病斑呈圆形或多角形，黄褐色，潮湿时背面生有灰色霜霉状物。7—8月发病重。

防治方法：①加强管理。清除病枝落叶，减少病菌来源，增施有机肥，增强抗病力。②施药防治。发病初期用65%代森锌500倍液或1:1.5:300的波尔多液，每隔7~10天喷一次，连喷2~3次。

（2）咖啡虎天牛

症状：是重要蛀茎性害虫。一年发生一代，初孵化的幼虫先在木质部表面蛀食，当幼虫长到3mm以上向木质部纵向蛀食，形成曲折虫道。

防治方法：在4—5月成虫发生期和幼虫盛孵期用80%敌敌畏乳剂1 000倍液喷杀成虫及初孵化幼虫，有一定效果。

（3）豹纹木蠹蛾

症状：一年发生一代，幼虫孵化后即自枝叉或新梢处入，3~5天后被害新梢枯萎，幼虫3~5mm后从蛀入孔排出虫屎，容易发现。幼虫有转株为害的习性。幼虫在木质部和韧皮部之间咬一圈，使枝条遇风易折断。

防治方法：一是及时清理花墩，收二茬花后，结合修剪，剪去有虫枝，一定要在7月下旬至8月上旬进行。太迟幼虫蛀入下部粗枝后，再截掉虫枝对花墩生长势有影响。二是7月中下旬是幼虫孵化盛期，可用50%杀螟松乳油1 000倍液或40%氧化乐果乳油1 500倍液，各加入0.3%~0.5%的煤油喷杀。

（4）蚜虫

症状：以成虫、幼虫刺吸叶片汁液，使叶片卷缩发黄。花蕾被害后造成畸形，影响金银花的产量和质量。

防治方法：可用40%氧化乐果乳剂1 000倍液或50%抗蚜威1 000~1 500倍液，每隔7~10天喷一次，连喷2~3次。最后一次须在采花前10~15天进行，以免农药残留而影响花的质量。

（三）收获与加工

1. 采收

栽后第三年开始开花，适时采收是提高金银花产量和质量的重要环节。一般在5月中、下旬采收第一茬花，1个月后陆续采第二、第三茬花。以花蕾上部膨大，但未开放，呈青白色时采收最适宜。过早花蕾青绿色嫩小，产量低；过晚花已开放，降低质量。采下后立即晒干或烘干。

2. 加工

一是晒干。将花蕾放在晒盘内，厚度3~6cm，以当天晒干为原则，若遇阴雨天气应及时烘干。忍冬藤应在秋冬割取嫩枝晒干即可。二是烘干。温度一般掌握在30%~50%，逐步升高。一般初烘时温度不宜过高，应掌握在30%~35%，烘2小时后可升到40℃左右，鲜花排出水气，经5~10小时后室内保持45~50℃，烘10小时后鲜花水分大部分排出，再把温度升到55℃，使花迅速干燥。一般烘12~20小时可全部烘干。烘干过程不能用手或其他东西翻动，否则易变黑，中途也不能停火，停火会发热变质。烘干的一等花率可高达95%以上，晾晒的一等花率只有23%，因此烘干比晒干好。干燥后的金银花置阴凉干燥处保存，防潮防蛀。

四、板蓝根

板蓝根是十字花科植物菘蓝的根，为常用中药，有清热解毒、凉血的功能。用于流行性感冒、流行性腮腺炎、流行性乙型脑炎、流行性脑脊髓膜炎、急性传染性肝炎、咽喉肿痛等症。菘蓝的叶也可药用，称为大青叶，和根有同样的药用作用。

（一）栽培技术

1. 选地、整地

菘蓝喜温凉环境，怕涝，故应选择地势平坦、排水良好、疏松肥沃的沙壤土上种植。播种前进行深翻20~40cm，华北地区可结合整地施入基肥，每亩施堆肥或厩肥2 000kg，过磷酸钙50kg或草木灰100kg，然后整平耙细。雨水较少的地区可做平畦，雨水多的地区做高畦，畦宽1.3m，畦高可为15~30cm。

2. 播种

播种可春播（4月上旬至5月上旬）、夏播（5月下旬至6月中旬），亦可种子成熟，随采随播，但以春播为好。

（1）种子处理。播种前将种子用30~40℃温水浸泡4小时，捞出晾干，拌细沙即可播种。

（2）播种方法。可用撒播或条播。条播时按行距20~25cm开沟，沟深2cm，播下种子后覆土，覆土高度与畦面平。每亩用种量1~2kg。播后5~7天即可出苗。

（二）管理技术

1. 间苗、定苗

当苗高 7~10cm 时，进行间苗，苗高 12cm 时定苗，株距为 7~10cm。

2. 中耕除草

定苗时进行第一次中耕除草，以后每隔半个月至 1 个月除草一次，要保持田间无杂草，有利于叶的生长。当叶长大而封行后只拔大草即可。

3. 追肥

间苗后，结合中耕除草可追一次人粪尿，每亩 1 500~2 000kg。每次采叶后，可追一次人粪尿，每亩 2 000kg，并可加硫酸铵，每亩 5~7kg，以利多发新叶。

4. 排灌水

夏季播后天气干旱应灌水。雨季应注意及时清沟排水，防止田间积水。

5. 病虫害防治

（1）霜霉病

症状：霜霉病主要为害叶柄及叶片。发病初期叶背面产生白色或灰白色霉状物。随着病害的发展，叶片变黄，最后呈褐色，叶片干枯，严重时植株死亡。霜霉病在早春便侵入植株，以后逐渐蔓延，特别是梅雨季节，发病最为严重。

防治方法：①收获后及时清理田地，将有病植株集中烧毁。②进行轮作。③降低田间湿度，及时排除积水。④发病初期喷 1∶1∶1 100 波尔多液或 65% 代森锌 500 倍液，每 7~10 天喷 1 次，连喷 2~3 次。⑤用 40% 乙磷铝 200~300 倍液喷雾，隔 7 天喷 1 次，连续喷 2~3 次。

（2）菌核病

症状：菌核病为害全株，是由土壤传染，下部叶片首先感染，然后逐渐向上，为害茎生叶、果实。发病初期植株呈水渍状，以后变为青褐色，最后全株腐烂。茎秆受病后，布满白色细丝状物（菌丝），茎中空，内有许多黑色菌核，使植株倒伏死亡。种子不能成熟，造成绝产。

防治方法：①进行轮作。②早期增施磷钾肥，增强抗病能力。③减少湿度，排水防涝。④在植株根部施用石灰硫磺合剂。

（3）白锈病

症状：白锈病使患病植株叶片上出现黄绿色小斑点，叶背面生长出一个突起的白色浓疱状斑点，外表有光泽，成熟后斑点破裂，散出许多白色粉末状物，叶亦畸形发育，后期全部枯死。

防治方法：①前茬作物不能是十字花科植物，如白菜、油菜、萝卜。②发病初期喷洒1∶1∶120波尔多液。

（4）根腐病

症状：根腐病发病症状为根腐烂而使全株死亡，在多雨季节最易发生。

防治方法：①发病初期用50%多菌灵1 000倍液或70%甲基托布津1 000倍液淋穴。②及时拔除病株烧毁，然后灌注上述农药于穴中。

（5）菜粉蝶

症状：菜粉蝶常为害白菜、萝卜等十字花科农作物，因此，也极易为害菘蓝。其卵常产于叶片上，卵长瓶形，浅黄色。在春夏孵化，以幼虫咬食叶片，造成叶片残缺而出现大片空洞，严重时会吃光叶片，尤以6—7月为害严重，菜农称其菜青虫。

防治方法：用生物农药Bt乳剂，每亩100~150g或用90%敌百虫800倍液喷雾。

（6）桃蚜

症状：桃蚜为害嫩茎、叶及开花植株花蕾。由于成群集生于叶背和嫩茎上吸取叶茎营养，使植物枯黄，生长受到影响；可使刚抽出的花蕾枯萎，不能开花结实，影响种子产量。

防治方法：用50%灭蚜松乳油1 000倍液或40%乐果乳油1 000倍液喷雾。

（三）收获与加工

1. 留种和采种

（1）种栽留种。10月植株地上部分枯萎时，挖取全根，选择生长健壮、无病虫害、根形好的植株留作种栽，放在低温处理的土中保存。待第二年春季栽种至种畦田中，行距40cm，株距20~30cm，栽后及时浇水，加强田间管理，5—6月果实成熟，分期分批采集种子，晒干，脱粒备用。

（2）直播采种。分为春播和秋播两种。春播是在生产田中选取健壮植株，在最后一次收割叶片后，不挖根，使其长出新叶越冬，待第二年返青、抽茎、开花、结实后收获种子。秋播在8—9月播种，出苗后不收叶，露地越冬，待第二年返青、开花、结实后收获种子。可选择较贫瘠土地种植，此时茎秆坚硬，不易倒伏，病虫害少，籽粒饱满，但株距要大于60cm。

2. 根的收获和加工

于9月下旬至10月下旬，当地上茎叶枯萎时，采收板蓝根。先在畦沟一侧挖深60cm的沟，然后依次挖取，注意不要伤根。采挖回来后，去掉泥土和茎叶杂物，洗净，晒至七八成干时，扎成小捆，再晒至全干。每亩可收获300~500kg，以根条粗壮均匀、条长整齐、粉性足为佳品。

3. 大青叶的收获、加工

春播植株如地上部分生长正常，每年可收获2~3次叶片，第一次质量最佳。采收时间约为：第一次6—7月；第二次8月中、下旬；第三次10月。如伏天高温多雨，则不宜收割，以免引起植株大量死亡。

收割方法一种是离地面2cm处割去；另一种是用手掰去周围

叶片，但费工费时。收后晾晒至七八成干时，捆成小把，继续晾至全干。遇雨天最好放在室内晾干。每亩可收干叶 200kg，以无杂质、完整、暗绿色的为佳，不宜曝晒。

五、薄荷

薄荷为常用中药。全草作药用，具有疏散风寒、清利头目、理气解郁和止痒的功效，用于风热感冒、头痛、目赤、咽痛、口疮、风疹、麻疹等症。

（一）栽培技术

1. 选地、整地

选择土层深厚、疏松肥沃、排水良好、阳光充足的沙质壤土种植。选好地后进行翻耕，耕深 25～30cm，每亩施基肥腐熟厩肥或堆肥 2 500kg。作成宽 1.5m 的高畦，畦沟宽 40cm，同时修好排水沟。

2. 繁殖方法

（1）根茎繁殖。是生产上最常用的繁殖方法。培育种栽可于 4 月下旬或 8 月下旬，在薄荷田选择生长健壮、无病虫害的植株，挖起移栽至另一块种栽地，按行距 20～25cm、株距 10～15cm 栽植，留作第二年的种栽用。亦可于秋末选优良植株，作为种栽，当年栽种。

栽种可于 10 月下旬至 11 月上旬或早春土壤解冻后栽种。栽种时要选取节间短、粗壮肥大、无病虫害的根茎，切成 6～10cm 长的小段作种栽。在商品畦上按行距 25～30cm 开沟，沟深 6～10cm，把种栽一一排开，可以首尾相接，也可每隔 15cm 排放两根，然后覆土镇压。每亩用根茎 75～100kg。

（2）扦插繁殖。在 5、6 月选取健壮，无病虫害植株，剪下地上部分，剪成 10cm 小段，在事先做好的畦床上扦插，按行距 7cm、株距 3cm 进行扦插育苗，待生根发芽后再移栽至生产田。

一般在清明节前后进行移栽，栽时选阴天，随起苗随移栽。行距 20~25cm、株距 15~20cm 挖穴，穴深 7~10cm，挖松底土，适当施入肥料，每穴栽 1~2 株，覆土压实，浇上稀人、畜粪水，以利成活。

（二）管理技术

1. 除草

第 1 次中耕除草，可在苗高 7~10cm 时进行，中耕宜浅，因薄荷的根多分布在表土层下 15cm 左右，根状茎则在 10cm 左右，深耕会伤害根茎和根。第 2 次中耕除草于 6 月上旬进行。第 3 次中耕除草在第 1 次收割薄荷后进行，此时由于地上部分被割去，因此能更好地清除杂草，并拔除老的根茎，以促进新苗生长。第 4 次于 9 月中旬，不必中耕，只需拔大草即可。以后每收割 1 次就可做清理工作。

2. 追肥

由于薄荷一年要收割几次，因此追肥工作便显得更为重要。追肥一般为 4 次，第一次在苗齐后（4 月）；第二次在生长盛期（5—6 月）；第三次在头刀薄荷收割后（7 月）；第四次在二刀薄荷苗高 15cm 左右（8 月下旬）。施肥以氮肥为主，同时辅以磷、钾肥。第一、第四次追肥稍轻，第二、第三次宜重。轻施者每亩用人、畜粪水 2 000kg，或每亩用碳酸氢铵 20kg。重施者每亩用人、畜粪水 3 000kg，饼肥 50kg，或者撒施碳酸氢铵 25kg。

3. 灌溉

7—8 月如遇高温干燥天气，应及时灌溉。每次收割施肥后也要及时灌溉。梅雨季节和大雨过后应及时排水。

4. 摘心去顶

5 月选择晴朗天气摘去植物顶芽，以促进多分枝，达到增产的目的。

5. 病虫害防治

（1）锈病。

症状：患病初期，叶背面有橙黄色粉状物，发病后期叶背面产生黑褐色粉状物。严重时，叶片枯死脱落，影响薄荷产量和质量。一般多在5—7月多雨潮湿季节发生。

防治方法：①加强田间管理，降低田间湿度。②发病初期喷25%粉锈宁1 000倍液或20%萎锈灵200倍液。但收割前20天要停止喷药。

（2）白星病。

症状：白星病又名斑枯病，发病初期叶两面产生近圆形暗绿色病斑。以后不断扩大，成为近圆形或不规则形的暗褐色病斑。后期病斑内部褪色成灰白色，呈白星状，上生黑色小点。严重时叶片枯死脱落。

防治方法：①发现病株，及时拔除烧毁。②发病初期喷50%多菌灵1 000倍液或65%代森锌500倍液，每7天1次，连续喷3~4次。收获前20天要停止喷药。

（三）收获与加工

1. 收获

薄荷以每年收获2次为好，华北地区也可收获1次，四川地区可收获3~4次。第一次于6月下旬至7月上旬进行，称头刀薄荷，第二次在10月上旬开花前进行，称二刀薄荷。收割时应选择晴天，并在中午12时至下午2时进行，因此时叶中薄荷油、薄荷脑含量最高。收割时用镰刀齐地面将茎叶割下，留苗不要过高，过高往往影响新苗的生长。

2. 加工

薄荷收回后要立即薄摊暴晒，晒时要勤翻，至七八成干时，将其扎成小把，扎时茎要对齐，然后铡去叶下3~5cm无叶的茎梗，再晒干或阴干，即可作为药材。折干率25%。薄荷药材以茎条均匀、叶密色绿、红梗、白毛、无根、不破碎、不霉烂、香气浓郁者为佳。

第五章 林下养鸡技术

第一节 林下养鸡场地规划

一、林地面积、养殖规模的确定

（一）林地面积

因地制宜。规模化养鸡，林地面积尽量大，一般面积不小于30亩。在林地面积很大、养鸡规模较大时，可以根据饲养数量划分成若干小块，一小块面积在10亩左右，进行分批饲养。

（二）放养密度

养鸡的密度和规模需要根据林地、果园或山地面积大小、林地内野生饲料资源的多少、鸡的品种、养殖季节等而确定，按宜稀不宜密的原则，确定合适的饲养密度和规模。一般约667m²（1亩）林地面积放养数量为20~75只。植被情况良好，饲养密度可适当大些；刚开始放养时，鸡的体重小，采食量少，饲养密度可大些，随着鸡体重的增加，采食量加大，饲养密度也要相应降低。饲养密度还要考虑鸡的品种。饲养农大3号节粮型蛋鸡一定要注意密度不要太大，因为该品种鸡有很强的食草性，它们对草的需求量很大，无论青草还是树叶都会采食，放养密度大可使果园光秃一片。一定不要盲目高密度养鸡，否则会造成过牧，甚至导致养殖失败。

（三）养殖规模

合理安排养殖规模，应根据养殖鸡的品种（个体大小、体型特点）、林地面积和种类、林地所处阶段、林地草木覆盖和生长等情况具体确定。林地饲养的规模还应根据自己的实际条件如有无养鸡经验，养鸡技术水平的高低，现有经济条件、人力资源状况等灵活掌握，不应照搬照抄。

养殖规模要与配套利用的资源条件相适应，如果规模过大，造成林地的植被、虫草等不足，容易造成过牧，影响鸡的正常生长发育；规模过小，浪费林地资源，不能体现应有的生态效果。

林地面积较小的鸡场，根据面积第 1 年可养 500~1 000只，有经验以后再逐步扩大饲养规模。初次开始时规模不宜过大。较大的鸡场可采用小群体、大规模的方式，一般以每群 500~1 000只为宜，不应超过 2 000只。采用全进全出制。不要盲目贪求大规模，在未能落实销售的情况下，大量饲养，造成压栏时间过长，饲养成本提高；规模过小（100~200 只），不能充分利用林地资源，管理粗放，也不能有很好的收益。

二、养殖季节及放养时间的确定

根据当地的气候条件、雏鸡脱温日龄、林地资源情况和市场消费特点综合考虑。

1. 育雏时间

林地生态鸡的饲养必须选择合适的育雏季节，因为育雏时间直接影响后期鸡在林地饲养的时间。

育雏在舍内进行，一年四季都可育雏。按季节可分为 3—5月进雏为春雏，6—8 月进雏为夏雏，9—11 月进雏为秋雏，12月至翌年 2 月进雏为冬雏。考虑 0~6 周龄育雏结束后，进入林地放养时，外界环境条件主要是气温、植被生长情况，是否达到鸡生长所需的基本条件。初次养鸡，育雏可选在气温较暖和的春季，取得经验后一年四季均可进雏养鸡。

蛋用鸡育雏时间的确定还要根据当地自然条件、出栏计划、市场需求等情况综合确定。蛋用鸡的性成熟期为 20 周龄前后。选择不同的时间育雏，要考虑产蛋期在林地饲养时间的长短和林地中自然饲料的利用情况及市场供求情况等。一般多选择春季育雏。春季气温逐渐升高，白天渐长，雨水较少，空气较干燥，鸡病少，所以春雏生长发育快，成活率高，育成期处于夏秋季节，在林地有充分活动和采食青饲料的机会，鸡性成熟较早，产蛋持续时间长。

肉用鸡的饲养时间一般在 90~150 天，在雏鸡舍内饲养时间不少于 30 天，一般为 30~50 天。林地放养时间不宜过早，否则鸡的抵抗力较弱，对林地环境适应性差，野生饲料的消化利用率低，容易感染疾病，也容易受到野外兽害侵袭。最好选择 3—5 月份育雏，春季气温逐渐上升，阳光充足，对雏鸡生长发育有利，育雏成活率高。雏鸡一般 4 周龄脱温后已到中鸡阶段，外界气温比较适宜，舍外活动时间长，可得到充分的运动与锻炼，体质强健，对后期林地放养自由采食、适应环境有利。并且安排好进雏时间，可充分利用外界适宜放养的时间，每年饲养两批。比如在 4 月上旬育雏，5 月中旬放养，7 月中旬出栏；第二批 6 月中旬进雏，7 月中旬放养，9 月底至 10 月初出栏。

2. 放养时间

（1）放养时机的选择。什么时候转入放养阶段应该从几个方面考虑。

①雏鸡的长势。如果雏鸡健康，生长发育正常，可以早些进行放养。

②气候条件。冬春季节，天气寒冷，保温时间应该长一些，春夏季节，天气暖和，转群放养的时间可以早些，但应在雏鸡脱温后进行。

③雏鸡的饲养密度。如果雏鸡饲养密度大,放养应早些。

（2）林地放养时间。南方温暖季节和北方夏秋季节都可以进行林地养鸡。白天气温不低于15℃时就可以开始放养,一般夏季30日龄、春季45日龄、冬季50~60日龄就可以开始放养。

放养时间可从4月初至10月底,外界温度较高,鸡容易适应,并能充分利用较长的自然光照,有利于鸡的生长发育。同时林地青草茂盛,虫、蚁等昆虫较多,鸡群觅食范围不需要太大就可采食到充足的野生饲料。公鸡放养2~3个月,体重达到1~1.5kg上市。母鸡可在当年9—10月开产,11月至翌年3月则可转到固定鸡舍圈养为主、放牧为辅,产蛋期可达1年左右,经济效益较好。

室外放养时间的长短对鸡肉肉质和风味影响很大,作为柴鸡上市前通常要求在林地放养时间不短于45天,利于鸡体内风味物质的形成。放养时间短,土鸡风味不足。

三、场址的选择

林地生态鸡场是鸡重要的生活环境。要为鸡创造一个良好的生长环境,首先应该做好林地场址的选择。场址的选择对林地日常生产和管理、鸡的健康状况、生产性能的发挥、生产成本及养殖效益都有重要影响,科学选择场址对保证林地及养鸡场的高效、安全生产具有重要意义。场址一旦选定后,所有的房舍建筑、生产设备都要进行动工建设、安装,投资较大,且一经确定后很难改变。林地生态养鸡场场址也就是林地所处地,对林地选择要经过慎重考虑和充分论证。

（一）选择场址原则

遵循环境保护的基本原则,防治环境污染。养鸡场地既要保证免受周围其他厂矿、企业的污染,又要避免对周围外界环境造成污染。

1. 无公害生产原则

所选区域的空气、水源水质、土壤土质等环境应符合无公害生产标准。防止重工业、化工工业等工矿企业产生的废气、废水、废渣等的污染。鸡若长期处于严重污染的环境，受到有害物质的影响，产品中也会残留有毒、有害物质，这些畜产品对人体也有害。因此，林地生态鸡场不宜选在环境受到污染的地区或场地。

2. 生态可持续发展原则

鸡场选址和建设时要有长远考虑，做到可持续发展。鸡场的生产不能对周围环境造成污染。选择场址时，应考虑鸡的粪便、污水等废弃物的处理、利用方法。对场地排污方式、污水去向、距居民区水源的距离等应调查清楚，以免引起对周边环境的污染。

3. 卫生防疫原则

鸡场场地的环境及卫生防疫条件是影响林地生态养鸡能否成功的关键因素之一，必须对当地历史疫情做周密的调查研究，特别警惕附近兽医站、养殖场、屠宰场等离拟建场的距离、方位等，尽量要远离这些污染源，并保证合理的卫生距离，并处于这些污染源的上风向。

4. 经济性原则

林地生态养鸡，在选择用地和建设时精打细算、厉行节约。避免盲目追求大规模建设、投资，鸡舍和设备可以因陋就简，有效利用原有的自然资源和设备，尽量减少投入成本。

（二）选址要求

林地生态养鸡场场址的选择应考虑以下内容：

1. 位置

林地场址要考虑物资需求和产品供销，应保证交通方便。林地场外应通有公路，但不应与主要交通线路交叉。林地场址应尽可能接近饲料产地和加工地，靠近产品销售地，确保有合理的运输途径。为确保防疫卫生要求，避免噪声对鸡健康和生产性能的影响。

（1）与各种化工厂及畜禽产品加工厂距离。为防止被污染，养鸡场与各种化工厂、畜禽产品加工厂等的距离应不小于 1 500m，而且不应将养鸡场设在这些工厂的下风向。

（2）与其他养殖场距离。为防止疾病的传播，每个养鸡场与其他畜禽场之间的距离，一般不少于 500m。大型畜禽场之间应不少于 1 000~1 500m。

（3）养鸡场与附近居民点的距离。最好远离人口密集区，与居民点有 1 000~3 000m 以上的距离，并应处在居民点的下风向和居民水源的下游。有些要求较高的地区，如水源一级保护区、旅游区等，则不允许选建养鸡场。

（4）交通运输。选择场址时既要考虑交通方便，又要为了卫生防疫使鸡场与交通干线保持适当的距离。一般来说，养鸡场与主要公路的距离至少要在 300~400m，与国道的距离（省际公路）500m，与省道、区际公路的距离 200~300m；与一般道路的距离 50~100m（有围墙时可减小到 50m）。养鸡场要求建专用道路与公路相连。

（5）与电力、供水及通讯设施关系。养鸡场要靠近输电线路，以尽量缩短新线敷设距离，并最好有双路供电条件。如无此条件，鸡场要有自备电源以保证场内稳定的电力供应。另外，使鸡场尽量靠近集中式供水系统（城市自来水）和邮电通讯等公用设施，以便于保障供水质量及对外联系。

2. 地形地势

（1）地势。地势是指地面形状、高低变化的程度。养鸡场地应当地势高燥，高出历史洪水线 1m 以上。地下水位要在 2m 以下，或建筑物地基深度 0.5m 以下为宜，避免洪水季节的威胁和减少土壤毛细管作用而产生的地面潮湿。低洼潮湿的场地，空气相对湿度较高，不利于鸡的体热调节，而利于病原微生物和寄生虫的生存繁殖，对鸡的健康会产生很大影响。

地势要向阳背风，以保持场区的小气候条件稳定，减少寒冷季节风雪的影响。平原地区一般场地比较平坦、开阔，林地场地应注意选择在较周围地段稍高、稍有缓坡的地方，以便排水，防止积水和雨后泥泞，容易保持场地和鸡舍干燥。靠近河流、湖泊的地区，场地要选择在较高的地方，应比当地水文资料中最高水位高 1~2m，以防涨水时被水淹没。山区林地应选在稍平缓坡上，坡面向阳，南向坡接受的太阳辐射最大，北向坡接受的太阳辐射最小，东坡和西坡介于两者之间。南坡日照充足，气温较高，北坡则相反。最大坡度不超过 25%，建筑区坡度应在 1%~3% 以内为宜，坡度过大，对建筑施工、运输、日常管理和放牧工作造成不便。在同一坡向，因为坡度的变化而影响其太阳辐射的强度。15°的南坡得到的太阳辐射比平地（坡度为 0°）要高，而在北坡则较低。山区林地还要注意地质构造情况，避开断层、滑坡、塌方的地段，避开坡底和谷地以及风口，以免受山洪和暴风雪的袭击。在山下部，低的山谷或盆地中，云雾较多，光照的时间少。

（2）地形。地形是指养殖场地的形状、大小及地面物体等状况。林地的地形应尽量开阔整齐，不要过于狭长或边角过多，这样在饲养管理时比较方便，能提高生产效率。

3. 地质和土壤

林地土质状况对环境、林地植被生长情况、鸡群健康状况、鸡舍建筑施工等都有密切关系。林地散放养鸡，林地作为鸡重要的生存环境，土质对鸡的影响要比舍内饲养时更为重要。鸡长期与地面接触，可以通过林地植被的生长与营养含量、土质所含腐殖质、矿物质含量等对鸡的健康和生长发育、生产性能起着重要作用。在选择场址时，要详细了解场地的土质土壤状况，要求场地以往没有发生过疫情，透水透气性良好，能保证场地干燥。

（1）土壤类型。土壤是由地壳表面的岩石经过长期的风化和生物学作用形成的。土壤是由土粒组成的，土粒根据直径大小分为沙粒（粒径 0.01 ~ 1mm）、粉粒（粒径 0.001 ~ 0.01mm）和黏粒（粒径小于 0.001mm）。

壤土是大致等量的沙粒、粉粒及黏粒，或是黏粒稍低于30%。土壤质粒较均匀，黏松适度，透水透气性良好，雨后也不会泥泞，易于保持干燥，可防止病原菌、寄生虫卵、蚊蝇等的生存和繁殖。土壤导热性小，热容量大，土温稳定、温暖，对鸡的健康、卫生防疫生长和林地种植都比较适宜。抗压性好，膨胀性小，也适于做鸡舍建筑地基。

沙质土含沙粒超过50%，土壤黏结性小，土壤疏松，透气透水性强；但热容量小，增温与降温快，昼夜温差大，会使鸡舍内温度波动不稳，并作为建筑用地抗压性弱，建筑投资增大。注意防止土壤过热、防冻。

黏质土的沙粒含量较少，黏粒及粉粒较多，黏粒含量常超过30%。这类土壤质地黏重，土壤孔隙细小，透水透气性差；吸湿性强，易潮湿、泥泞，长期积水，易沼泽化。在其上修建鸡舍，舍内容易潮湿，也易于滋生蚊蝇。有机质分解较慢，土壤热容量大，昼夜土壤温差较小，春季土温上升慢。由于其容水量大，在寒冷地区冬天结冰时，体积膨胀变形，可导致建筑物基础损坏。潮湿会成为微生物繁殖的良好环境，使寄生虫病或传染病得以流行。

（2）土壤化学成分。土壤成分复杂，包括矿物质、有机物、土壤溶液和气体。一般土壤中矿物质占 90% ~ 99%，有机物占1% ~ 10%。土壤中的化学元素，与鸡关系密切的有钙、磷、钾、钠、镁、硫等常量元素及必要的微量元素如碘、氟、钴、钼、锰、锌、铁、铜、硒等。另外，土壤中含量最多的元素如氧、硅、铝等，是土壤矿物质的主要组成成分，是林地植被的重要养分。

土壤中的某些元素缺乏或过多，会通过饲料、植被和水引起一些营养代谢疾病。一般情况下，土壤中的常量元素含量较丰富，大多可以通过饲料满足鸡的需要。但鸡对某些元素的需求较多，或植物性饲料中含量较低，应注意在日粮中补充。

土壤中的微量元素、重金属、有机污染物（主要是农药残毒）等土壤中的化学成分对鸡的健康有直接影响。

如果土壤中的有毒有害物质超过标准，被鸡食入后，会直接影响鸡的健康，所生产的鸡蛋与鸡肉也会因某些有害物质的富集残留，达不到无公害食品标准的要求。所以，要了解鸡场当地农药、化肥使用情况，对土壤样品的汞、镉、铬、铅、砷等污染物进行检测。

（3）土壤的生物学特性。土壤的生物学特性也会影响鸡的健康。土壤中的生物包括微生物、动物和植物。微生物中有细菌、放线菌、病毒。植物中有真菌和藻类，动物包括鞭毛虫、纤毛虫、蠕虫、线虫和昆虫等。微生物大多集中在土壤表层。土壤中的细菌大多是非病原性杂菌，如酵母菌、球菌、硝化菌和固氮菌等。土壤的温度、湿度、酸碱度、营养物质等不利于病原菌的生存。但被污染的土壤，或抗逆性较强的病原菌，可能长期生存下来。沙门菌可生存 12 个月，霍乱杆菌可生存 9 个月，痢疾杆菌在潮湿的地方可生存 2~5 个月，在冻土地带，细菌可长期生存。因此，发生过疫情的地区会对鸡的健康构成很大威胁，养鸡场也不宜选低洼、沼泽地区，这些地区容易有寄生虫生存，会成为鸡寄生虫病的传染源。

总之，对土质土壤的选择，不宜过分强调土壤物理性质，应重视化学特性和生物学特性的调查。如因客观条件所限，达不到理想土壤，就要在鸡的饲养管理、鸡舍设计、施工和使用时注意弥补土壤的缺陷。

4. 水质水源

水是鸡最重要的营养物之一。刚出壳雏鸡体内含水量 85% 左右，成年鸡体内含水量 65% 左右。鸡体内缺水 10%，将导致代谢紊乱，超过 20% 即可引起死亡。必须给鸡充足、清洁的饮水。水源水质关系着林地养鸡时的生产和人员生活用水及建筑施工用水，林地养鸡必须有可靠的水源。对水源的基本要求是：水量充足，水质良好，取用和防护方便。

（1）水量充足。能满足林地生产、灌溉用水、场内人员生活用水、鸡饮用和生产用水、消防用水等。鸡场人员生活用水一般每人每天 24~40L，每只成鸡每天的饮水量平均为 300mL，加上日常管理一般按每只鸡每天 1L 计算。夏季用水量要增加 30%~50%。

（2）水质良好。水质要求无色、无味、无臭，透明度好。水的化学性状、需了解水的酸碱度、硬度、有无污染源和有害物质等。有条件的则应提取水样做水质的物理、化学和生物污染等方面的化验分析。水源的水质不经过处理或稍加处理就能符合饮用水标准是最理想的。

（3）水源选择。水源周围环境条件应较好。以地面水作为水源时，取水点应设在工矿企业的上游。根据当地的实际情况选用林地水源。

（4）水的人工净化和消毒。如果林地养鸡场无自来水供应。使用地面水作为水源时，水质一般比较浑浊，细菌含量较多，必须经过净化和消毒处理以改善水质。地下水较清洁，一般只需消毒处理。

5. 气候因素

调查了解当地气候气象资料，如气温、风力、风向及灾害性天气的情况，作为鸡场建设和设计的参考。这些资料包括地区气温的变化情况、夏季最高温度及持续天数、冬季最低温度及持续天数、风向频率、土壤冻结深度、降雨量与积雪深度、最大风力、常年主导风向、光照情况等。

四、场地规划

养鸡场场址选定以后，要根据该场地的地形、地势和当地主风向，对鸡场内的各类房舍、道路、排水、排污等地段的位置进行合理的分区规划。同时还要对各种房舍的位置、朝向、间距等进行科学布局。养鸡场各种房舍和设施的分区规划，主要考虑有利于防疫、安全生产、工作方便，尤其应考虑风向和地势，通过鸡场内建筑物的合理布局来减少疫病的发生。科学合理的分区规划和布局还可以有效利用土地面积，减少建厂的投资，保持良好的环境卫生和管理的高效方便。

养鸡场通常分为生活区、生产区和隔离区。

（一）生活区

人员生活和办公的生活区应在场区的上风向和地势较高的地段（地势和风向不一致时，以风向为主）。与林地、果园必要的管理用房与生产用房（办公室、车辆库、工具室、肥料农药库、宿舍等）结合起来，设在交通方便和有利作业的地方。在2~3个小区的中间，靠近干路和支路处设立休息室及工具库。

生活区应处在对外联系方便的位置。大门前设车辆消毒池。场外的车辆只能在生产区活动，不能进入生产区。

（二）生产区

生产区是鸡场的核心。包括各种鸡舍和饲料加工及贮存的建筑物。生产区应该处在生活区的下风向和地势较低处，为保证防疫安全，鸡舍的布局应该根据主风向和地势，按照孵化室、雏鸡舍与成年鸡舍的顺序配置。把雏鸡舍放在防疫比较安全的上风向处和地势较高处，能使雏鸡得到较新鲜的空气，减少发病机会，也能避免成年鸡舍排出的污浊空气造成疫病传播。当主风向和地势发生矛盾时，应该把卫生防疫要求较高的雏鸡舍设在安全角（和主风向垂直的两个对角线上的两点）的位置，以免受上风向空气污染。养鸡场最好饲养同一批鸡。还应按照规模大小、饲养批次、日龄把鸡群分成几个饲养区，区和区之间要有一定的距离。雏鸡舍和成年鸡舍应有一定的距离。

饲料加工、贮存的房舍处在生产区上风处和地势较高的地方，同时与鸡舍较近的位置。由于防火的需要，干草和垫草堆放的位置必须处在生产区下风向，与其他建筑物保持 60m 的卫生间距。

（三）隔离区

病鸡的隔离、病死鸡的尸坑、粪污的存放、处理等属于隔离区，应在场区的最下风向，地势最低的位置，并与鸡舍保持 300m 以上的卫生间距。处理病死鸡的尸坑应该严密隔离。场地有相应的排污、排水沟及污、粪水集中处理设施（用于果林灌溉或化粪池净化）。隔离区的污水和废弃物应该严格控制，防治疫病蔓延和污染环境。

鸡场内的道路分人员出入、运输饲料用的清洁道（净道）和运输粪污、病死鸡的污物道（污道），净、污道分开与分流明确，尽可能互不交叉。

（四）防护设施

林地养殖场界要划分明确，规模较大的养殖场四周应建较高的围墙或挖深的防疫沟，以防止场外人员及其他动物进入场区。在林地养殖场大门及各区域、鸡舍的入口处，应设相应的消毒设施，如车辆消毒池、脚踏消毒槽或喷雾消毒室、更衣换鞋间等。车辆消毒池长应为通过最大车辆周长的 1.5 倍。林地果园要饲养护场犬，并训练其保护鸡群和阻止外人进入。除养犬外还应有人专门值班看守。

第二节　林下养鸡品种选择

一、鸡的起源

鸡具有鸟类的生物学特性。动物分类学上，鸡属于鸟纲、鸡形目、雉科、原鸡属、鸡种。

家鸡的祖先起源于原鸡。原鸡包括红色原鸡、锡兰原鸡、灰色原鸡、黑色或绿色原鸡。红色原鸡分布较广，分布于东南亚、印度和我国的海南、云南、广西、广东等地，野生的茶花鸡是红色原鸡，是中国家鸡的祖先。

原鸡由野生红色原鸡经长期驯化选育而成，仍保留其野生习性。栖于热带和亚热带山区的常绿带灌丛及次生林中，常到林边的田野间觅食植物种子、嫩芽、谷物等，兼吃虫类及其他小动物。原鸡以植物的果实、种子、嫩竹、树叶、各种野花瓣为食，也吃白蚁、白蚁卵、蠕虫、幼蛾等。飞行能力强，夜栖树上，于2—5月繁殖，多筑巢在树根旁的地面上，在浅凹内铺一层枯叶，少许羽毛。年产卵1~2次，每窝4~8枚，多则12枚。

家鸡的各个品种都是由原鸡驯化培育而来。中国家鸡驯养史已有7 000年左右。在漫长的历史进程中，随着人类社会养鸡生产的发展，人们为了生活和生产的需要，在特定的自然生态和社会经济条件下，通过自然选择和人工选择，培育出许多优良的地方品种。

二、鸡的品种分类

品种，是指通过育种而形成的一个鸡群，它们具有大体相似的体型外貌和相对一致的生产性能，并且能够把其特点和性状遗传给后代。不同品种鸡的生产潜力、适应力和抗病力都不同。

鸡的分类方法主要有标准品种分类法和现代分类法。

（一）标准品种分类法

标准品种分类法将鸡分为类（按原产地区）、型（按用途）、品种（按育种特点）和品变种。

①类：按照鸡的原产地划分，主要有亚洲类、中国类、英国类、美洲类和地中海类等。

②型：按照经济用途划分，有蛋用型、肉用型、肉蛋兼用型和玩赏型等。

③品种：经过定向选育而形成的血统来源相同、性状一致、生产性能相似、遗传性稳定、有一定影响和足够数量的纯种类群。

④品变种：又称亚品种、变种或内种，是在一个品种内按羽毛颜色，或羽毛斑纹，或冠型分为不同的品变种。

（二）现代分类法

按现代育种方法培育出的品种，大部分为杂交配套品种。按经济性能分类，又可分蛋鸡系和肉鸡系。

①蛋鸡系：主要用于生产商品蛋。根据蛋壳颜色的不同分为白壳蛋鸡系、褐壳蛋鸡系和粉壳（浅褐壳）蛋鸡系三种类型。

②肉鸡系：主要通过肉用型鸡的杂交配套选育成的肉用仔鸡。根据肉质和生长速度不同分为快大型肉鸡、优质肉鸡（地方品种肉鸡、我国自主培育的优质肉鸡和仿土鸡）。

快大型白羽肉鸡是由国外高度培育的肉用专门化配套品系，如AA、艾维茵、罗斯308、科宝等，饲养周期短，早期生长速度快，45日龄平均体重可达2.5kg，饲料转化率高，但肉质、口感较差。

地方品种鸡（土鸡）如河田鸡、惠阳鸡等品种，饲养周期长，生长速度慢，但肉质最好，肉味鲜美，市场价格最高。国内自主培育的地方优质肉鸡，如广东三黄鸡、广西青脚鸡，鸡饲料转化率差异较大，但肉质好，市场价格高。

用我国地方品种的优质肉鸡与国外引进的快大型肉用品系配

套杂交，形成的高效优质鸡为仿土鸡或半土鸡。半土鸡饲养期、生长速度、料肉比和肉质都介于地方品种鸡和快大型肉鸡之间。

三、林地生态养鸡对鸡品种的要求

优良、适宜的品种是进行林地生态养鸡的基础。选择林地生态养鸡品种是一个至关重要的技术环节，要根据鸡的特性和市场需求综合确定。

适宜在林果地放养鸡品种的要求有以下几个方面。

（一）适应性强，耐粗饲，抗病力好

林地、果园、山场生态养鸡适宜选择采食能力和抗逆性强的鸡种。林地养鸡白天要靠鸡在林地里自由采食，林地环境条件不稳定，气候多变，饲养管理、条件较粗放，鸡在野外自由活动使鸡接触致病因素的机会增加，要求鸡适应性强，抗病力好，可选择适应性较强、耐粗饲以及抗病力强的地方优良品种。如浙江仙居鸡、河南固始鸡、河北柴鸡、北京油鸡、广东三黄鸡等。

（二）觅食性好，体重、体形适中

林地生态饲养的优点在于改善产品品质和节省饲料。林地里的青草和昆虫作为鸡的饲料资源可以减少全价饲料的使用，节约饲料成本，同时野生自然饲料里还有能够改善鸡的产品品质的成分，鸡采食后能够使蛋黄颜色变深，降低产品中胆固醇的含量。要充分利用这些资源，就要求鸡灵活好动，觅食能力强，才能够采食到足够的食物，以保证鸡的生长发育，并最大限度地节约饲料，减少成本。林地生态养鸡适宜饲养小型或中型体型的品种，这样的鸡个体小，体形紧凑，身体灵活，反应灵敏，对环境适应性好。地方土鸡由于体型小巧、反应灵敏、适应当地气候与环境条件，适宜林地放养。如三黄鸡、麻黄鸡、芦花鸡及绿壳蛋鸡等体型较小的品种较适宜在林地饲养。体型中、小型的优良地方品种，如麻花青脚鸡、河南固始鸡、广西岑溪三黄鸡及浙江仙居鸡等也适于林地生态饲养。低矮乔木果园放养鸡的品种适宜选择飞蹿能力低的品种，如丝羽乌骨鸡，腿较短的鸡如农大3号蛋鸡。

大型鸡种体重大，较笨重，不愿活动，不宜在林地饲养。高产的蛋鸡品种大多体型大，体重大，对外界环境较敏感，需要饲养环境安静，对饲养管理水平要求也较高，抗病性差，野外林地饲养不易成功。如快大型肉鸡品种如艾维茵、AA、罗斯308等由于生长速度快、活动量小、对环境要求高，不适于果园、林地养殖。

（三）考虑市场需求，因地而异

我国各地消费习惯差异较大。不同的地区对鸡肉和鸡蛋的需求不同，可以根据当地的饲养习惯及市场消费需求，选育适合当地饲养的优良鸡品种。在南方，褐壳蛋比白壳蛋更受欢迎，粉壳蛋的市场也较好，选择品种时宜考虑蛋壳颜色。

消费者对肉质风味的要求愈来愈高，优质、安全的鸡肉更受消费者欢迎。地方品种为主的肉鸡风味独特，饲养过程用药少、无污染和药物残留，更受市场欢迎。

鸡的体重和毛色的选择，在选择鸡种时也应有所考虑。从羽色外貌上宜选择黑羽、红羽、麻羽或黄羽青脚等地方鸡种特征明显的鸡种。鸡毛色鲜艳、个头小，羽色黑、红、麻、黄，脚爪色为青色的鸡，容易被消费者认可，可选择养殖绿壳蛋鸡、本地乌骨鸡、青脚麻鸡、黑凤鸡等品种。

第三节 林下养鸡饲养管理技术

一、生长、育成鸡林地放养技术

（一）林地饲养前的准备工作

1. 林地生态放养前的防疫处理

每批鸡饲养前，要对放养林地及鸡棚舍进行一次全面清理，清除林地及周边各种杂物及垃圾，再用安全的消毒液对林地及周边场地进行全面喷洒消毒，尽可能地杀灭和消除放养区的病原微生物。

2. 搭建棚舍

可以根据饲养目的，建造不同标准和形式的棚舍。如仅在夏秋季节为放养鸡提供遮阳、挡雨、避风和晚间休息的场所，可建成简易鸡舍（鸡棚）；如果要在放养地越冬或产蛋，一般要建成普通鸡舍。

为便于卫生管理和防疫消毒，舍内地面要比舍外地面高0.3~0.5m，在鸡舍50m范围内不要有积水坑。如果是普通鸡舍最好建成混凝土地面，简易鸡舍可在土地面上铺垫适当的沙土。有窗鸡舍在所有窗户和通风口要加装铁丝网，以防止野鸟和野兽进入鸡舍。一栋鸡舍面积不要太大，一般每栋养300~500只生长育成鸡或200~300只产蛋鸡。棚舍内设有栖架。根据周边植被生长情况决定放养舍的间距。注意放养舍的间距不可过近，以让周边植被有一个恢复期。

3. 确定林地放养的日龄

雏鸡脱温后，可以开始到林地放养。一般初始放养日龄30~50天。林地放养时间不宜过早，否则雏鸡抵抗力差，觅食能力和对野外饲料的消化利用率低，容易感染疾病，成活率下降，并影响后期鸡的生长发育。并且放养过早时，雏鸡对林地野外天敌的抵御能力差，容易受到伤害。

鸡的林地放养日龄要从雏鸡的发育情况、外界气候条件和雏鸡的饲养密度等情况综合考虑，最关键的是外界环境温度。

4. 鸡的适应性锻炼

鸡从雏鸡舍到林地饲养，环境条件变化大，为让鸡能尽快适应环境的变化，防止对鸡产生大的应激反应，到林地放养前要给予适应性锻炼，这是林地生态养鸡很重要的技术环节。

（二）林地放养的管理技术

1. 分群

从育雏鸡舍转移到林地鸡舍时要进行分群饲养，分群饲养是林地生态饲养过程中很关键的环节。要根据品种、日龄、性别、体重、林地的植被情况、季节等因素综合考虑分群和群体的大小。

（1）公鸡、母鸡分群饲养。公鸡、母鸡的生长速度和饲料转化率、脂肪沉积速度、羽毛生长速度等都不同。公鸡没有母鸡脂肪沉积能力强，羽毛也比母鸡长得慢，但比母鸡吃得多，长得快，公母分群饲养后，鸡群个体差异较小，均匀度好。公母混群饲养时，公母体重相差达 300~500g，分群饲养一般只差 125~250g。另外，公鸡好斗，抢食，容易造成鸡只互斗和啄癖。分群饲养可以各自在适当的日龄上市，也便于饲养管理，提高饲料效率和整齐度。不能在出雏时鉴别雌雄的地方鸡品种，如果鸡种性成熟早，4~5 周龄可从外观特点分出公母鸡，大多数鸡也可在 50~60 日龄时区分出来，进行公母分群饲养。

（2）体重、发育差异较大的鸡分群饲养。发育良好、体重均匀的鸡分在大群，把发育较慢、病弱的鸡分开以便单独加强管理和补给营养，利于病弱的鸡恢复。体重相差较大的鸡对营养的需要有差异，混在一起饲养无法满足鸡的营养需求，会影响鸡的生长发育。

（3）日龄不同的鸡要分开饲养。日龄低的鸡只容易感染传染病，大小混养会相互传染，造成鸡群传染病暴发。根据林地鸡舍能饲养的鸡只数量，同一育雏鸡舍的鸡只最好分在同一个育成鸡舍。

（4）群体大小。根据林地面积大小和饲养规模，一般一个群体 300~500 只育成鸡比较合适，一般不超过 1 000 只。本地土鸡，适应性强，饲养密度和群体可大些；放养开始鸡体重小，采食少，饲养密度和群体可大些；植被状况好，饲养密度和群体可以大些。早春和初冬，林地青绿饲料少，密度要小一些，夏秋季节，植被茂盛，昆虫繁殖快，饲养密度和群体可大些。但群体太大，会造成鸡多草虫少的现象，会造成植被被很快抢食，引起过牧，并且植被生态链破坏后恢复困难，鸡因觅食不到足够的营养影响生长发育，同时又要被迫增加人工补喂饲料的次数和数量，使鸡产生依赖性，更不愿意到远处运动找食，从而形成恶性循环，打乱林地放养的初衷和模式。一定林地面积饲养鸡数量多后鸡采食、饮水也容易不均，会使鸡的体重、整齐度比较差，大的大、小的小，并出现很多较弱小的鸡。群体、密度过大容易造成炸群，鸡遇到惊吓时很容易炸群，出现互相挤压、踩踏现象，还会使鸡的发病率增加，也容易发生啄癖，所以规模一定要适度。有的林地养鸡就是因为群体规模和饲养密度安排不当，最终养殖失败。

2. 转群

经过脱温和放养前的训练后雏鸡才可以进行放牧饲养。从育雏鸡舍转群到林地放养，鸡的生活环境、饲料供给方式及种类等都发生剧烈变化，对鸡造成很大应激，必须通过科学的饲养管理才能帮助鸡平稳适应新的环境，不至造成大的影响。

由舍内饲养到林地饲养的最初 1~2 周是饲养的关键时期。如果初始期管理适当，鸡能很好地适应林地饲养环境，保持良好的生长发育状况，为整个饲养获得好的效益打下良好基础。

（1）林地饲养鸡转移时间的选择。从鸡舍转移到林地，要在天气晴暖、无风的夜间进行。因为晚上鸡对外界的反应和行动能力下降，此时抓鸡对其造成的应激减小。根据分群计划，转到林地前一天傍晚在鸡舍较暗的情况下，一次性把雏鸡转入林地鸡舍。

放养当天早晨天亮后不要过早放鸡，等到上午 9~10 时阳光充足时再放到林地。饲槽放在离鸡舍较近的地方，让鸡自由觅食。同时准备好饮水器，让鸡能随时饮到水，预防放养初期的应激反应，并在水中加入适量维生素 C 或电解多维，减少应激反应。在林地饲养的最初几天要设围栏限制其活动范围，把鸡群控制在离鸡舍比较近的地方，不要让鸡远离鸡舍，以免丢失。开始几天每天放养时间要短，每天 2~4 小时，以后逐步延长放养时间。

（2）饲喂方法。开始放养的第 1 周在林地养鸡区域内放好料盆，让鸡既能觅食到野生的饲料资源，又可以吃到配合饲料，使鸡消化系统逐渐适应。随着放养时间的延长，根据鸡的生长情况使鸡群的活动区域逐渐扩大，直到鸡能自由充分采食青草、菜叶、虫蚁等自然食料。

放养的前 5 天仍使用雏鸡后期料，按原饲喂量给料，日喂 3 次。6~10 天后饲料配方和饲喂量都要进行调整，开始限制饲喂，逐步减少饲料喂量，促使鸡逐步适应，自由运动、自己觅食。生产中要注意饲料的逐渐过渡，防止变换过快，鸡的胃肠道不能适应，引起消化不良，甚至腹泻。前 10 天可以在饲料中添加维生素 C 或复合维生素，提高鸡的抵抗力，预防应激。

10 天后根据林地天然饲料资源的供应情况，喂料量与舍饲相比减少一半，只喂给各生长阶段舍饲日粮的 30%~50%；饲喂的次数不宜过多，一般日喂 1~2 次，否则鸡会产生依赖性而不去自由采食天然饲料。

3. 调教

调教是指在特定环境下，在对鸡进行饲养和管理的过程中，同时给予鸡特殊指令或信号，使鸡逐渐形成条件反射、产生习惯性行为。对鸡实行调教从小鸡阶段开始较容易，调教内容包括饲喂、饮水、远牧、归巢、上栖架和紧急避险等。

在林地放养是鸡的群体行为，必须有一定的秩序和规律，否则任凭鸡只自由行动，难以管理。

（1）饮食和饮水调教。在育雏阶段，应有意识地给予信号进行喂料和饮水调教，在放养期得以强化，使鸡形成条件反射。

在调教前，让鸡群有饥饿感，开始给料前，给予信号（如吹口哨），喂料的动作尽量使鸡看得到，以便产生听觉和视觉双重感应，加速条件反射的形成。每次喂料都反复同一信号，一般3~5天即可建立条件反射。

生产中多用吹口哨和敲击金属物品产生的特定声音，引导鸡形成条件反射。面积较小的林地、果园等，鸡的活动范围较小，补饲时容易让鸡听到饲喂信号而归巢。面积较大的林地、山地等，鸡的活动范围大，要注意使用的信号必须让较远处的鸡都能听到。也有报道，山地养鸡时可以通过喇叭播放音乐，鸡只经过调教，听见音乐会自动返回采食、归巢。

（2）远牧调教。放牧时调教更为重要，可以促使鸡到较远的地方觅食，避免有的鸡活动范围窄，不愿远行自主觅食。

调教的方法是：一个人在前面慢步引导，一边撒扬少量的食物作为诱饵，一边按照一定的节奏发出语言口令（如不停地叫"走、走、走"），后面另一个人手拿一定的驱赶工具，一边发出驱赶的语言口令，一边缓慢舞动驱赶工具前行，一直到达牧草丰富的草地为止。这样连续调教几天后，鸡群便逐渐习惯往远处采食了。

（3）归巢调教。鸡具有晨出暮归的习性。但是有的鸡不能按时归巢，或由于外出过远，迷失了方向，也有的个别鸡在外面找到了适合自己夜宿的场所。所以应在傍晚之前进行查看，是否有仍在采食的鸡，并用信号引导其往鸡舍方向返回。如果发现个别鸡在舍外夜宿，应将其抓回鸡舍圈起来，并把营造的窝破坏掉，第二天早晨晚些时间再放出采食。次日傍晚，再进行仔细检查。如此反复几天后，鸡群就可以按时归巢了。

（4）上栖架的调教。鸡有在架上栖息的生理习性。在树下和鸡舍内设栖木，既满足了鸡的生理需求，符合动物福利的要求，充分利用了鸡舍空间，又可以避免鸡直接在地面过夜，减少与病原微生物尤其是寄生虫的接触机会，降低疾病的发生率。

方法是用细竹竿或细木棍搭建一些架子，一般按每只鸡需要栖架位置 17～20cm 提供栖架长度，栖木宽度应该在 4cm 以上，以 3～4 层为宜，每层之间至少应该间隔 30cm。

如果鸡舍面积小，栖架位置不够用，有的鸡可能不在栖架上过夜。

调教鸡上栖架应于夜间进行，先将小部分卧地鸡捉上栖架，捉鸡时不开电灯，用手电筒照住已捉上栖架的鸡并排好。连续几天的调教，鸡群可自动上架。经过放养调教后即可采用早出晚归的饲养方式。

4．补饲

林地养鸡，仅靠野外自由觅食天然饲料不能满足生长发育和产蛋需要。即使是外界虫草丰盛的季节（5—10 月），也要适当进行补饲。在虫草条件较差的季节（12 月到翌年 3 月），补饲量几乎等于鸡的营养需要量。无论育成期，还是产蛋期，都必须补充饲料。

（1）补料次数。补饲方法应综合考虑鸡的日龄、鸡群生长和生产情况、林地虫草资源、天气情况等因素科学制定。放养的第 1 周早晚在舍内喂饲，中午在休息棚内补饲一次。第 2 周起中午免喂，早上喂饲量由放养初期的足量减少至 7 成，6 周龄以上的大鸡还可以降至 6 成甚至更低些，晚上一定要让其吃饱。逐渐过渡到每天傍晚补饲一次。

可以在鸡舍内或鸡舍门口补饲，让鸡群补饲后进入鸡舍休息。每天补料次数建议为一次。补料次数越多，放养的效果就越差。因为每天多次补料使鸡养成懒惰恶习，等着补喂饲料，不愿意到远处采食，而越是在鸡舍周围的鸡，尽管它获得的补充饲料数量较多，但生长发育慢，疾病发生率也高。凡是不依赖喂食的鸡，生长反而更快，抗病力更强。

状况良好的林地，补料的次数以每天1次为宜，在特殊情况下（如下雨、刮风、冰雹等不良天气），可临时增加补料次数。天气好转，应立即恢复到每天1次。

补饲时要定时定量，一般不要随意改动，以增加鸡的条件反射，养成良好的采食习惯。

（2）补料量。补料量应根据鸡的品种、日龄、鸡群生长发育状况、林地虫草条件、放养季节、天气情况等综合考虑。夏秋季节虫草较多，可适当少补，春季和冬季可多补一些。每次补料量的确定应根据鸡采食情况而定。在每次撒料时，不要一次撒完，要分几次撒，看多数鸡已经满足，采食不及时，记录补料量，作为下次补料量的参考依据。一般是次日较前日稍微增加补料量。也可以定期测定鸡的生长速度，即每周的周末，随机抽测一定数量的鸡的体重，与标准体重进行比较。如果低于标准体重，应该逐渐增加补料量。

（3）补料形态。饲料形态可分为粉料、粒料（原粮）和颗粒料。粉料是经过加工破碎的原粮。所有的鸡都能均匀采食，但鸡采食的速度慢，适口性差，浪费多，特别在有风的情况下浪费严重，并且必需配合相应食具；粒料是未经破碎的谷物，如玉米、小麦、高粱等，容易饲喂，鸡喜欢采食，适于傍晚投喂。最大缺点是营养不完善，鸡的生长发育差，体重长得慢，抗病能力弱，所以不宜单独饲喂。颗粒饲料是将配合的粉料经颗粒饲料机压制后形成的颗粒饲料。适口性好，鸡采食快，保证了饲料的全价性。但加工成本高，且在制粒过程中维生素的效价受到一定程度的破坏。具体选用什么形式的补饲料，应根据各鸡场的具体情况决定。

（4）补料时间。傍晚补料效果最好。早上补饲会影响鸡的自主觅食性。傍晚鸡食欲旺盛，可在较短的时间内将补充的饲料迅速采食干净，防止撒落在地面的饲料被污染或浪费。鸡在傍晚补料后便上栖架休息，经过一夜的静卧休息，肠道对饲料的利用率高。也可以在补料前先观察鸡白天的采食情况，根据嗉囊饱满程度及食欲大小，确定合适的补料量，以免鸡吃不饱或喂料过多，造成饲料浪费。另外，在傍晚补饲时还可以配合调教信号，诱导鸡只按时归巢，减少鸡夜间在舍外留宿的机会。

5. 饮水

鸡在林地饲养，供给充足的饮水是鸡保持健康、正常生长发育的重要保障。尤其鸡在野外活动，风吹日晒，保证清洁、充足的饮水显得非常重要。

在鸡活动的范围内要放置一定数量的饮水器（槽）。可以使用 5~10L 的饮水器，每个饮水器可以供 50 只鸡使用。饮水器（槽）之间的距离为 30m 左右，饮水器（槽）位置要固定，以便让鸡在固定的位置找到水喝，尽量避免阳光直射。舍外饮水器（槽）不能断水，以免在炎热的夏季鸡喝不上水造成损失。在鸡活动较多的位置可多放置几个，林地内较边远的地方可少放几个。鸡舍内也要设有饮水器，供鸡使用。

6. 实行围网、轮牧饲养

林地养鸡，鸡在野外林地自由活动，通常要在林地放养区围网。

（1）围网目的。

①作为林地、果园和外界的区界，通常使用围网或设栏的方法，将林地环境和外界分隔，防止外来人员和动物的进入，也防止鸡走出林地造成丢失。

②放养场地确定后，通过围网给鸡划出一定的活动范围，防止在放养过程中跑丢，或做防疫的时候找不着鸡，疫苗接种不全

面，也能避免产蛋鸡随地产蛋。雏鸡刚开始放牧时，鸡需要的活动区域较小，也不熟悉林地环境，为防止鸡在林地迷路，要通过围网限制鸡的活动区域。随着鸡的生长，逐步放宽围网范围，直到自由活动。

③用围网分群饲养。鸡群体较大时，鸡容易集群活动，都集中在相对固定的一个区域，饲养密度大，造成抢食，过牧鸡也容易患病，通过围网将较大的鸡群分成几个小区，对鸡的生长和健康都有利。围网后，林地、果园、荒坡、丘陵地养鸡实行轮牧饲养，防止出现过牧现象。

④果园喷施农药期间，施药区域停止放养，用网将鸡隔离在没有喷施农药的安全区域。

（2）建围网方法。放养区围网筑栏可用高1.5~2m的尼龙网或铁丝网围成封闭围栏，中间每隔数米设一根稳固深入地下的木桩、水泥柱或金属管柱以固定围网，使鸡在栏内自由采食。围栏尽量采用正方形，以节省网的用量。放养鸡舍前活动场周围设网，可与鸡舍形成一个连通的区域，用于傍晚补料，也利于夜间对鸡加强防护。经过一段时间的饲养，鸡群就会习惯有围网的林地生活。

山地饲养，可利用自然山丘作屏障，不用围栏。草场放养地开阔，可不设围网，使用移动鸡舍，分区轮牧饲养。

7. 诱虫

林地养鸡的管理中，在生产中常用诱虫法引诱昆虫供鸡捕食。常用的诱虫法有灯光诱虫法和性激素诱虫法。

（1）灯光诱虫法。通过灯光诱杀，使林地和果园中趋光性虫源被大量集中消灭，迫使夜行性害虫避光而去，影响部分夜行害虫的正常活动，减轻害虫为害，大大减少化学农药的使用次数，延缓害虫抗药性的产生。保护天敌，优化了生态环境，利于可持续发展。

昆虫飞向光源，碰到灯即撞昏落入安装在灯下面的虫体收集袋内，第2天进行收集喂鸡。诱得的昆虫，可以为鸡提供一定数量的动物性蛋白饲料，生长发育快，降低饲料成本，提高养鸡效益，同时天然动物性蛋白饲料不仅含有丰富的蛋白质和各种必需氨基酸，还有抗菌肽及未知生长因子，采食后可提高鸡肉和鸡蛋的质量。如鸡采食一定数量的虫体，可以对特定的病原如鸡马立克病产生一定的抵抗力。

（2）性激素诱虫法。利用人工方法制成的雌性昆虫性激素信息剂，诱使雄性成虫交配，在雄性成虫飞来后掉入盛水的诱杀盆而被淹死。

一般每亩放置1~2个性激素诱虫盒，30~40天更换1次。性激素诱虫效果受性激素信息剂的专一性、昆虫田间密度、昆虫可嗅到性诱剂的距离、诱虫当时的风速、温度等环境因素的影响。

8. 日常管理

（1）林地和鸡舍卫生消毒。在林地门口、鸡舍门口设消毒池或消毒用具，保持充足的消毒液，及时检查添加消毒药物。饲养人员进入鸡舍前更换专用洁净的衣服、鞋帽。鸡舍和场地每天清扫、消毒。

（2）细心观察，做好记录。每天注意观察鸡的精神状态，采食和饮水情况，注意采食量和饮水量有没有突然增加或减少。

观察鸡的粪便颜色和形状，正常鸡的粪便软硬适中，成堆或条状，上覆盖有少量白色尿酸盐沉淀。颜色与采食饲料有关，一般呈黄褐色或灰绿色。粪便过于干硬，说明饮水不足或饲料不当；粪便过稀，说明饮水过多或消化不良。白色下痢可能是鸡患白痢或法氏囊病初期。一般鲜艳绿色下痢，鸡可能患新城疫等，平时一定要注意观察，一旦出现异常粪便，及时诊治。每天鸡入舍前清点鸡数，发现鸡数减少，查找原因，注意林地放养时由近到远逐步扩大范围，以防鸡走失。鸡入舍后可关灯静听鸡是否有甩鼻、咳嗽、呼噜等呼吸道症状；观察鸡群有没有啄趾、啄羽等啄癖现象；发现异常现象，查清原因，及时采取措施。

观察群体大小、体重及均匀度。群体过大，林地植被很快被鸡吃光，造成鸡采食不足，影响生长，群体过大，遇寒冷天气，鸡易扎堆，常造成底下的鸡被踩压而死。

把大小鸡分开饲养。大小鸡混养时，大鸡抢食，易争斗，使小鸡处于劣势，时间长了，影响小鸡发育，使小鸡更小，抵抗力差，易生病。不符合体重标准的要分析原因。如果大群发育慢，调整饲料配方，提高营养水平；个别鸡生长慢，要加强补饲。注意把病弱瘦小的鸡只单独挑出来，分析原因，没有饲养、治疗价值的及时淘汰。

（3）环境控制情况。注意观测、记录林地环境天气、鸡舍温度、湿度、通风等情况。保持料槽、饮水器等饲喂用具清洁，每天清洗、消毒，保证饮水器24小时不断水。注意随着鸡的生长加高料槽高度，保持料槽与鸡的背部等高，减少饲料浪费。

（4）按照免疫程序，按时接种疫苗，定期驱虫。必须制定科学的接种程序并严格执行，如鸡新城疫、法氏囊、鸡痘等都应科学接种。不要存在林地养鸡可以粗放管理，鸡抗病力强，不注射疫苗也没事的侥幸心理。不接种疫苗会造成鸡群传染病发生，造成严重的损失，有时甚至全群覆灭。

（5）避免中毒。林地、果园喷洒农药前，利用分区轮换放养，避免鸡中毒；邻近农田喷药时，要注意风向，并应将鸡的活动场地与农田用网隔开。

（6）注意天气情况。鸡刚到林地放养，鸡需要一个适应过程，春季外界温度变化较大，常会在温度逐渐升高的过程中突然降温。所以林地养鸡一定要时常关注天气情况，每天注意收听天气预报，如遇有大风、雨雪、降温等异常天气，提前做好准备，当天尽量不放鸡到林地，或提早让鸡回到鸡舍，避免鸡被雨淋、受凉，造成鸡感冒患病、死亡。遇打雷、闪电等强响声、光亮刺激，鸡会出现惊群，聚群拥挤，要及时发现，将鸡拨开。

（7）预防性用药。林地养鸡时，鸡易患球虫、沙门菌、寄生虫等病，应加强环境管理，并注意药物预防。

二、产蛋鸡林地饲养技术

（一）产蛋前和产蛋初期的管理

1. 体重和开产日龄的控制

在产蛋前可以通过分群、饲喂控制、补料数量、饲料营养水平、光照管理和异性刺激等方法，调整体重，将全群的体重调整为大致相同，结合所饲养品种的体重标准，让鸡群开产时基本达到本品种要求体重。一定要注意使开产前的鸡有相应的体重。

鸡群的开产日龄直接影响整个产蛋期的蛋重。母鸡开产日龄越大，产蛋初期和全期所产的蛋就越大。开产日龄与鸡的品种、饲养方式、营养水平和饲养管理技术有关。

一般发育正常的鸡群在 20 周龄左右进入产蛋期。林地养柴鸡如果管理不当，容易有开产日龄过早或过晚的现象，有的 100 多日龄见蛋，有的 200 多天还不开产。过早开产鸡蛋个小，也会使鸡产生早衰，后期产蛋性能降低；开产过晚影响产蛋率和经济效益，通常与品种选育、外界放养环境恶劣和长期营养供给不足有关。要通过体重调整，使鸡有合适的开产日龄。控制鸡在适宜日龄开产。

2. 体质储备与饲料配方调整

开产前的鸡体内要沉积体脂肪，一点脂肪贮备都没有的鸡是不会开产的。这时补饲饲料的配方，要根据鸡群的实际发育情况做出相应调整，增加饲料中钙的含量，必要时要增加能量与蛋白质的营养水平。

产蛋鸡对钙的需要量比生长鸡高 3~4 倍。生长期饲粮钙含量 0.6%~0.9%，不超过 1%。一般发育正常的鸡群多在 20 周龄左右进入产蛋期，从 19 周龄（或全群见到第一个鸡蛋）开始将补饲日粮中钙的水平提高到 1.8%，21 周龄调到 2.5%，23 周龄调到 3%，以后根据产蛋率与蛋壳的质量，来决定补饲日粮中钙水平是维持还是调整。当鸡群见第一个蛋时，或开产前 2 周，在饲粮中可以加些贝壳或碳酸钙颗粒，也可以在料槽中放一些矿物质，任开产的鸡采食，直到鸡群产蛋率达 5% 时，将生长饲粮改为产蛋饲粮。

3. 准备好产蛋箱

在鸡舍和林地活动区需要设产蛋箱，让鸡在产蛋箱内产蛋，减少鸡蛋丢失，并保持蛋壳洁净。产蛋箱要能防雨雪，可用砖、混凝土等砌造，石棉瓦做箱顶，箱檐伸出 30cm 以防雨、挡光。也可用木板、铁板或塑料等材料制作，尺寸可做成宽 30cm、深 50cm、高 40cm 大小。鸡喜欢在隐蔽、光线暗的地方产蛋，林地中要把产蛋箱放在光线较暗的地方。鸡舍内产蛋箱可贴墙设置，放在光线较暗、太阳光照射少的位置，并安装牢固，能承重。

窝内铺垫干燥、保暖性好的垫草，可用铡短的麦秸、稻草，或锯末、稻壳、柔软的树叶等，并及时剔除潮湿、被粪便污染、结块的垫草，保持垫料干燥、洁净。

可在鸡群开产前 1 周在产蛋箱里提前放置假蛋或经过消毒的鸡蛋，诱导鸡进入产蛋箱产蛋。早晨是鸡寻找产蛋地点的关键时间，饲养人员要注意观察母鸡就巢情况，如果鸡在较暗的墙角、产蛋箱下边等较暗的地方就巢做窝，应将母鸡放在产蛋箱内，使鸡熟悉、适应，几次干预以后鸡就会在产蛋箱内产蛋。

4. 产蛋鸡的光照

光照对蛋鸡产蛋有重要作用。光照时间和光照强度、光的颜色对鸡的产蛋都有影响。鸡是长日照动物，当春季白天时间变长时，刺激鸡的性腺活动和发育，从而促进其产卵。在白天逐渐缩短的秋季渐渐衰退。

因日照增长有促进性腺活动的作用，日照缩短则有抑制作用，所以在自然条件下，鸡的产蛋会出现淡旺季，一般春季逐渐增多，秋季逐渐减少，冬季基本停产。因而鸡的产蛋量很少。林地生态养鸡，要获得较高的生产效果，必须人工控制光照。

光照原则：育成期光照时间不能延长，产蛋期光照只能延长不能减少。产蛋鸡的适宜光照时间，一般认为要保持在 16 小时。产蛋期间光照时间应保持稳定，不能随意变化。增加光照 1 周后改换饲粮。

光照方法：首先了解当地的自然光照情况，了解不同季节当地每天的光照时间，除自然光照时数外，不足的部分通过人工补光的方法补充。一般多采取晚上补光，配合补料和诱虫同时进行，比较方便。对于产蛋高峰期的蛋鸡，结合补料也可以采用早晨和晚上两次补光的方法。

（二）蛋鸡的补饲

鸡的活动量大，要消耗更多的能量，同时自由采食较多的优质牧草和昆虫，能够提供较多的蛋白质，应该适当提高饲料中能量的含量（柴鸡能量可比笼养时相同阶段营养标准高 5%左右），降低蛋白质的含量（柴鸡蛋白质可比笼养时相同阶段营养标准低 1%左右），在林地觅食时还能获得较多的矿物质，饲料中钙的供给稍降低一些，有效磷保持相对一致。

1. 补料量

可根据鸡品种、产蛋阶段与产蛋量、林地植被状况等情况具体掌握。

（1）品种。现代配套系品种鸡对环境适应力不强，在林地自主觅食的能力也较差，并且产蛋较高，补料量应多些。而土鸡觅食能力强，产蛋量较低，一般补料量和补料营养水平相对较低些。

（2）产蛋阶段与产蛋量。产蛋高峰期需要的营养多，补料量应多些，其余产蛋期补料量少些。但是同是高峰期，同一鸡群中的产蛋率也不同，对不同鸡群的补饲要有差异。

（3）林地植被状况。林地里可食牧草、昆虫较多，补料可少些，如果牧草和虫体少时，必须增加人工补料。

2. 补饲方法

（1）根据鸡群食欲表现。观察鸡的食欲，每天傍晚喂鸡时，鸡表现食欲旺盛，争抢吃食，可以适当多补；如果鸡不急于聚拢，不争食，说明已觅食吃饱，应少补。

（2）根据体重。根据鸡的体重情况确定补料，如果产蛋一段时间后，鸡的体重没有明显变化或变化不大，说明补料适宜；如果体重下降，应增加补料量或提高补料质量。

（3）根据鸡群产蛋表现。看鸡蛋的蛋重变化、产蛋时间、产蛋量变化等情况，确定补料量。

如果鸡蛋蛋重达不到品种要求而过小，说明鸡的营养不足，应该增加补料。柴鸡初产鸡蛋小，35g 左右，开产后蛋重不断增加，一般 2 个月后可达 42~44g。

（4）看集群产蛋分布。大多数鸡在中午 12 时以前产蛋，产蛋量占全天产蛋量的 75% 左右，如果产蛋时间分散，下午产蛋较多，说明补料不够。

（5）看鸡群产蛋率。开产后一般 70~80 天达到产蛋高峰，说明鸡的营养需要能够满足，补料得当；如果产蛋后超过 3 个月还没有达到产蛋高峰，甚至有时候出现产蛋下降，可能补料不足或存在管理不当等问题。林地养鸡时柴鸡的产蛋高峰一般在 60%以上，现代鸡产蛋率在 65% 以上，在判断产蛋高峰时应与常规笼养鸡不同。

（6）观察鸡群健康。有没有啄羽、啄肛等啄癖现象，如果出现啄癖，说明饲料营养不均衡，或补料不足，应查清原因，及时治疗。

（7）根据季节变化适当调整饲料配方和补饲量。植被的生长情况与季节变化有关，要根据季节变化适当调整饲料配方和补饲量。林地养的鸡蛋黄颜色深、胆固醇含量低、磷脂含量高。冬季鸡采食牧草、虫体少，为保证所产鸡蛋的品质，要适当给鸡补充青绿多汁饲料、增加各种维生素的添加量、加入5%左右的苜蓿草粉等。

总之，林地生态养鸡，掌握科学、合理的补料方法和补料量是一项关键的技术，与养鸡的效益密切相关，甚至对林地养鸡成功与否起着决定性作用，一定要多观察，多总结，避免盲目照搬别人方法，要根据自己鸡群的具体情况灵活掌握。

（三）鸡蛋的收集

林地养鸡，鸡产蛋时间集中在上午，9~12时产蛋量占一天产蛋的85%左右，12时以后产蛋很少。鸡蛋的收集应尽早、及时，以上午为主，高峰期可在上午捡蛋2~3次，下午1~2次。

集蛋前用0.01%新洁尔灭洗手，消毒。将净蛋、脏蛋分开放置，将畸形蛋、软壳蛋、沙皮蛋等挑出单放。产蛋箱内有抱窝鸡要及时醒抱处理。

蛋壳洁净易于存放，外观好。脏污的蛋壳容易被细菌污染，存放过程中容易腐败变质，但鸡蛋用水冲洗后不耐存放，也不要用湿毛巾擦洗，可用干净细纱布将污物拭去，0.1%百毒杀消毒后存放。

要保持蛋壳干净，减少窝外蛋，保持垫草干燥、洁净，减少雨后鸡带泥水进产蛋箱等是有效的办法。

（四）淘汰低产鸡

林地养鸡时，鸡群的产蛋性能、健康状况和体型外貌都有很大差异，在饲养过程中要及早发现淘汰低产鸡、停产鸡及病残鸡等无产蛋经济价值的母鸡，以减少饲料消耗，提高鸡群的生产性能和经济效益。低产、停产鸡大多数在产蛋高峰期后这一阶段出现，饲养过程中应该经常观察，及时发现、淘汰。

三、优质鸡育肥期的饲养管理

10周龄到上市前的阶段，是育肥期，是生长的后期。育肥期的目的是促进鸡体内脂肪沉积，增加肉鸡肥度，改善肉质和羽毛的光泽度，适时上市。

鸡体的脂肪含量与分布是影响鸡的肉质风味的重要因素。优质鸡富含脂肪，鸡味浓郁，肉质嫩滑。鸡体的脂肪含量可通过测量肌间脂肪、皮下脂肪和腹脂做判断。一般来说，肌间脂肪宽度为 0.5~1cm，皮下脂肪厚度为 0.3~0.5cm，表明鸡的肥度适中；在该范围下限为偏瘦；在该范围上限为过肥。脂肪的沉积与鸡的品种、营养水平、日龄、性成熟期、管理条件、气候等因素有密切关系。优质鸡都具有较好的肥育性能，一般在上市前都需要进行适度的肥育，这是优质鸡上市的一个重要条件。

比较适宜在后期肥育的鸡种有惠阳胡须鸡、清远麻鸡、杏花鸡、石崎杂鸡、烟霞鸡，以及我国自己培育的配套杂交黄羽肉鸡中的优质型肉鸡。可在生长高峰期后、上市前15~20天开始育肥。

（一）提高日粮能量水平

优质肉用鸡沉积适度的脂肪，可改善肉质，提高商品屠体外观质量。在饲料配合上，一般应提高日粮的代谢能，相对降低蛋白质含量。其营养要求达到代谢能 12~12.9MJ/kg，粗蛋白质在15%左右。为了提高饲料的代谢能，促进鸡体内脂肪的沉积，增加羽毛的光泽度，饲养到 70 日粮以后可以在饲料中加入油脂2%~5%。饲养地方品种，可供给富含淀粉的甘薯、大米饭等饲料。

（二）公鸡的去势肥育（阉割）

地方品种的小公鸡性成熟相对较早，通过阉割去势可以避免公鸡性成熟过早，引起争斗、抢料。阉割后公鸡生长期变长，沉积脂肪能力增强，阉鸡的肌间脂肪和皮下脂肪增多，肌纤维细嫩，风味独特，售价较高。一般认为地方品种优质鸡体重 1kg 左右较为合适。去势前需停料半天，手术后每只肌注青霉素、链霉素 7 万~8 万单位，预防感染。公鸡在阉割 34 周龄后进行育肥。

（三）限制放养

肥育的优质鸡应限制放养，适度肥育。肥育的鸡舍环境应阴凉干燥，光照强度低。提高饲料的适口性，炎热干燥气候应将饲料改为湿喂，使鸡只采食更多的饲料。

（四）育肥饲料

育肥饲料应提高日粮脂肪含量，相对减少蛋白质含量，代谢能可达 12 ~ 12.9MJ/kg，粗蛋白质在 15% 左右，在饲粮中添加 3%~5% 的动物性脂肪。

后期饲料尽量不用蚕蛹粉粕、鱼粉、肉粉等动物性蛋白，以免影响肉质风味，菜籽饼粕、棉籽饼粕对肉质、肉色有不利影响，应限量或尽量不用。不用羊油、牛油等油脂，以免将不良异味带到产品中，影响适口性。不添加人工合成色素、化学合成非营养添加剂及药物。应尽量选择富含叶黄素的原料，如黄玉米、苜蓿草粉、玉米蛋白粉，并可加入适量橘皮粉、松针粉、茴香、桂皮、茶叶末及某些中药，改善肉色、肉质，增加鲜味。

（五）疫病综合防治措施

及时接种疫苗，根据本地实际，重点做好鸡新城疫，马立克病、传染性法氏囊病等疫苗的免疫接种工作。合理使用药物预防细菌性疾病、驱虫。中后期要慎用药物，多用中草药及生物防治，尽量减少和控制药物残留而影响肉质。

（六）适时出栏

随着日龄的增长，鸡的生长速度逐渐减弱，饲料转化率也逐渐降低，但是鸡的肉质风味又与饲养时间的长短和性成熟的程度有关。优质鸡的上市日龄应根据鸡的品种、饲养方式、日粮的营

养水平、市场价格行情等情况决定适宜的上市日龄，一般在 120
日龄左右上市为宜。

出栏前需要抓鸡，抓鸡会对鸡群造成强烈应激，为了减轻抓
鸡所带来的应激，抓鸡最好在天亮前进行，用手电照明，抓鸡要
小心，最好抓住鸡的双腿，避免折断脚、翅，以免造成鸡的损伤
而影响外观质量，降低销售价格。

四、不同林地生态养鸡技术

（一）果园生态养鸡技术
1. 消毒池设置

在果园门口和鸡舍门口设消毒池，消毒池长度为进出车辆车
轮 2 个周长，宽应保证车轮浸过消毒池，常用 2% 的氢氧化钠溶
液，每周更换 3 次，也可用 10%~20% 的石灰水。

2. 围网

为防止各种敌害侵袭，要对果园进行必要的改造：果园四周
要设置围墙或密集埋植篱笆，或用 1.5~2m 铁丝网或尼龙网围
起，防止鸡到果园外面活动走丢，也防止动物或外来人员进入果
园。也可配合栽种葫芦、扁豆、南瓜等秧蔓植物加以隔离阻挡；
种植带刺的洋槐枝条、野酸枣树或花椒树，起到阻挡外来人员、
兽类的效果。

3. 周期安排

一个果园最好在同一时期只养一批鸡，同日龄的鸡在管理和
防疫时既方便又安全。如果果园面积较大，可考虑市场供应，错
开上市，养两批鸡时，要用篱笆或网做分隔，并要有一定距离，
以防鸡走混，减少互相影响。

鸡在果园放养时，鸡首先觅食各种昆虫，其次是嫩草、嫩
叶，饲养密度合适时，鸡就不会破坏果实。安排好适宜的饲养规
模和密度非常重要。注意鸡群规模和饲养密度不宜过大，以免果

园青嫩植物、虫体等短时间就被鸡采食一空，使鸡的活动区地上寸草不生，造成过牧，植被不能短期恢复，鸡无食可吃，无法保证鸡的正常生长，靠人工饲喂，打乱果园养鸡计划，甚至造成果园养鸡失败。

放养鸡要错开果树花期及果实成熟期。对果实成熟期较早的果园，如油桃、樱桃、早熟桃等果园，一般中原地区在 5 月底就可成熟、采摘，可以在 5 月上旬把脱温后 5 周龄左右的鸡在果园放养，让其采食青绿饲料和昆虫，到鸡长大能飞到树上时，果实已采摘结束。

4. 分区轮牧

要根据果园面积大小将其分成若干小区，用尼龙网隔开，分区喷药，分区放养，分区轮牧也利于果园牧草生长和恢复，并且遇天气突变，也利于管理，减少鸡的丢失。

根据果园面积大小和养鸡的规模将果园分为几个区，通常每个区面积可按 6 670m² （10 亩）规划。第一区，在果园边建育雏舍，在果树行间育虫、养蚯蚓喂鸡，其余每区 1 年养 1 批，等育雏脱温后第一批放养于第二区，第二批放养于第三区，循环饲养，按放养时间推算，对尚未轮到养鸡的场区还可间种牧草、花生、黄豆、冬菜等，以补充供应鸡的饲料。这样安排，养鸡场地可以做到自然隔离，减少鸡只患病，鸡粪均匀分布在果园，利于果树生长。果树行间间作优质牧草，可为鸡提供部分精饲料。可用少部分果林间空地常年育虫喂鸡，可补充蛋白质饲料，使鸡肉品质得到显著改善。

5. 果实套袋

果实套袋可以改善商品外观，使果面光洁美丽，着色均匀，提高果品品质，增加果农的经济效益，同时果实套袋可以减少农药残留、机械损伤和病虫害为害。实行果实套袋的果园，也可保护果实免受鸡的啄食。

6. 防止农药中毒

果园因防治病虫害要经常喷施农药，喷施农药要选择对鸡没有毒性或毒性很低的药物。为避免鸡采食到沾染农药的草菜或虫体中毒，打过农药7天后再放养，雨天可停5天左右。果园养鸡应备有解磷定、阿托品等解毒药物。

果园提倡使用生物源农药、矿物源农药、昆虫生长调节剂等，禁止使用残效期长的农药。

（1）生物源农药。白僵菌、农抗120、武夷菌素、BT乳剂、阿维菌素等。

（2）矿物源农药。矿物源农药的优点是药效期长，使用方便，果树生产中使用最多。效果较好的有石硫合剂、硫悬浮剂、波尔多液、柴油乳剂、腐必清等。

（3）昆虫生长调节剂。目前应用最广、效果最理想的是灭幼脲类农药，如灭幼脲3号，能有效防治食叶毛虫、食心虫，同时还能兼治红蜘蛛等害虫。此类农药药效期长，不伤害天敌，不污染环境。

（4）低毒、低残留化学农药。吡虫啉、辛硫磷、敌百虫、代森锰锌类、甲基托布津、多菌灵、粉锈宁、百菌清等。

7. 实行捕虫和诱虫结合

果园养鸡，树冠较高的果树，鸡对害虫的捕捉受一定影响，为减少虫害发生和减少喷施农药次数，在鸡自由捕食昆虫的同时，使用灯光诱虫。

应用频振杀虫灯，对多种鳞翅目、鞘翅目等多种害虫有诱杀作用。利用糖、醋液中加入诱杀剂诱杀夜蛾、食心虫、卷叶虫等。黑光灯架设地点最好选择在果园边缘且尽可能增大对果园的控制面积。灯诱生态果园害虫宜在晴好天气的上半夜7~12时开灯，既能有效地诱杀害虫，又有利于节约用电和灯具的维护。在树干或主枝绑环状草把可诱杀多种害虫。

8. 果园行间种草

在果园行间种草增加地面覆盖度，保墒效果好。另外，生草还有提高土壤肥力、好管理、减少除草用工、提高果实品质等好处。人工草种可选用白三叶草、多花黑麦草等，最好是豆科草种和禾本科草种混种。春季抓紧种草，白三叶草草种小，可按种土比为 1 : 30 的比例混匀后开沟溜播，行距 30cm 左右，切记不可覆土过深，出苗后要清除杂草，确保幼苗生长。

9. 果园慎用除草剂

果园地上嫩草是鸡的主要饲料来源，没有草生长鸡就失去绝大多数营养来源，果园养鸡不能使用除草剂。

10. 严防兽害

严防兽害，防止野生动物对鸡的伤害。

11. 出栏

鸡出栏后，对果园地里的鸡粪翻土 20cm 以上，地面用 10%～20% 石灰水喷洒消毒，以备饲养下一批。

（二）林地生态养鸡技术

我国各地有丰富的山林资源，林木比较高，下部枝杈少，林下空间多，虫草数量多，适合林地养鸡。林地养鸡，由于树上没有需保护的果实，所以对鸡的品种选择没有特殊要求。

1. 注意林木株行距

应根据树种的特性，合理确定株行距。防止林地树木过密，林下阴暗潮湿，不利于鸡的健康和生长。

2. 鸡舍建造

根据养鸡者的实际条件，可建造规范鸡舍，也可使用较简单的棚舍。

3. 饲料

除林下青草、昆虫，林地中还有丰富的野生中药材等，都是鸡良好的野生饲料资源。林地青绿饲料不足，还可以通过从附近刈割或收购一些青草、廉价蔬菜作为青绿饲料的补充。如果林地放养场地不缺沙土，可不用额外补充。也可在鸡舍附近林地放置一些沙粒，让鸡自由采食。

4. 防止潮湿

管理好林地排水设施，雨后及时把积水排出。鸡舍建在地势较高的地方，垫高鸡舍地面，鸡舍四周做好排水处理，雨天及时关闭门窗，防止鸡舍漏雨等。

5. 林间种草

青绿饲料中的各种维生素是鸡不可缺少的营养成分。由于鸡群的生长量不断加大，应适当种植牧草予以补充。尤其在林下植被不佳的地方，可人工种植优质牧草。

牧草品种苜蓿、黑麦、大麦、三叶草等，既可净化环境，又可补充饲料。牧草一般选择秋播，林木落叶后会增加光温，翌年气温升高后牧草生长迅速，又可控制杂草生长。林间牧草种植，要做好季节性安排，为提高成活率及产量，一般在每年的3—4月、8—9月2次播种。牧草品种以豆科牧草为主，可混播少量禾本科牧草。待牧草长至10cm左右时方可进行放养。

6. 分区轮流放牧

在林地生态养鸡过程中，宜采用分区轮牧的形式，将连成片的林地围成几个饲养区，一般可用丝网隔离，每次只用1个饲养区。轮放周期为1个月左右。如此往复形成生态食物链，达到林鸡共生，相互促进，充分利用林地资源，形成良性循环。

7. 谢绝参观

外界对林地的干扰较少，但应注意严格限制外来人员随便进入生产区，尤其要注意养殖同行进入鸡的活动区参观。必要时，一定要对进入人员进行隔离、消毒，方能进入生产区。

8. 强化防疫意识

建立健全的防疫制度，防疫是林地养鸡健康发展的保障，林地养鸡专业户要主动做好禽流感、新城疫等重大动物疫病的防治工作。如果林地养鸡场没有建立健全的防疫制度，外来人员出入频繁，消毒措施不到位，给疫病的传入带来了一定的隐患。

9. 翻耕

对轮牧的板结的土壤进行翻耕，有利于青绿饲草的生长和利用，而且翻耕日晒可杀死病菌，防止疾病的传播，减少传染病的发生，从而提高成活率和经济效益。

（三）山场养鸡技术

山区的沟坡上有树木或杂草生长，可用以养鸡。

1. 山场选择

植被状况良好、可食牧草丰富、坡度较小的山场，适合养鸡；而坡度较大、植被稀疏或退化、可食牧草较少的山场，鸡不能获得足够的营养，鸡为寻找食物会用爪刨食，对山场造成破坏，不适于养鸡。

2. 山场养鸡密度

每亩20只左右，不超过30只，鸡群数量500只以内较好。可根据山场面积划分成若干小区，实行小群体、大规模饲养。

3. 补料

补料要根据鸡每天的采食情况而定，防止出现过牧现象，以保护山地生态环境。

4. 防山洪

雨季一定要及时收听、收看相关部门天气预警、预报，并保持通信畅通。遇有大雨天气，做好防范山洪工作。对相关建筑按规范安装避雷设施。

第六章　林下养猪技术

第一节　林下养猪场地规划

一、猪场选址的基本要求

（一）地形地势

猪场应建在地势较高，干燥平坦、排水良好和向阳背风的地方。高出历史洪水线 1m 以上。地下水位要在 2m 以下，或建筑物地基深度 0.5m 以下为宜。地面应平坦稍有缓坡，一般坡度在 1%~3% 为宜，以利排水。山区建场，应选在稍平缓坡上，坡面向阳，总坡度不超过 25%，建筑区坡度 2.5% 以内。地形应尽量开阔整齐，不要过于狭长或边角过多，这样在饲养管理时比较方便，能提高生产效率。

（二）水源水质

1. 水量充足

能满足场内人员生活用水、猪饮用和生产用水、灌溉用水及消防用水等。猪场的用水量非常大，一个自繁自养的年出栏万头的猪场，每天至少需要 100t 水。如果水源不足将会严重影响猪场的正常生产和生活。一个万头猪场，水井的出水量最好在每小时 10t 以上。

2. 水质良好

水质要求无色、无味、无臭，透明度好。水的化学性状需了解水的酸碱度、硬度、有无污染源和有害物质等。有条件则应提取水样做水质的物理、化学和生物污染等方面的化验分析。水源的水质不经过处理或稍加处理就能符合饮用水标准是最理想的。饮用水水质要符合无公害畜禽饮用水水质标准（NY 5027—2008）。

3. 水源选择

水源周围环境条件应较好。以地面水作为水源时，取水点应设在工矿企业的上游。根据当地的实际情况选用水源。

自来水和深层地下水是最好水源。场区附近如有地方自来水公司供水系统，可以尽量引用，但需要了解水量能否保证。也可以在本场地打井，采用深层水作为主要供水来源或者作为地面水量不足时的补充水源。

（三）地质和土壤

在选择场址时，要详细了解场地的土质、土壤状况，要求场地以往没有发生过疫情，透水透气性良好，能保证场地干燥。

发生过疫情的地区会对猪的健康构成很大威胁，猪场也不宜选低洼、沼泽地区，这些地区容易有寄生虫生存，会成为猪寄生虫病的传染源。

如因客观条件所限，达不到理想土壤，就要在猪的饲养管理、猪舍设计、施工和使用时注意弥补土壤的缺陷。

（四）供电、交通

猪场址要求交通便利，考虑物资需求和产品供销，应保证交通方便。场外应通有公路，但不应与主要交通线路交叉。场址应尽可能接近饲料产地和加工地，靠近产品销售地，确保有合理的运输半径。为确保防疫卫生要求，避免噪声对健康和生产性能的影响。

1. 各种化工厂及畜禽产品加工厂距离

为防止被污染，猪场与各种化工厂、畜禽产品加工厂、屠宰场等的距离应不小于1 500m，而且不应将猪场设在这些工厂的下风向。

2. 与其他养殖场的距离

为防止疾病的传播，猪场与其他畜禽场之间的距离一般不少于 500m。大型畜禽场之间的距离应不少于 1 000~1 500m。

3. 猪场与附近居民点的距离

最好远离人口密集区，与居民点有 1 000~3 000m 以上的距离，并应处在居民点的下风向和居民水源的下游。有些要求较高的地区，如水源一级保护区、旅游区等，则不允许选建猪场。

4. 交通运输

选择场址时既要考虑到交通方便，又要为了卫生防疫使猪场与交通干线保持适当的距离。一般猪场与主要公路的距离至少要在 300~400m；国道（省际公路）500m，省道、区际公路 200~300m；一般道路 50~100m（有围墙时可减小到 50m）。猪场要求建专用道路与公路相连。

5. 与电力、供水及通信设施的关系

猪场要靠近输电线路，以尽量缩短新线敷设距离，并最好有双路供电条件。如无此条件，猪场要有自备电源以保证场内稳定的电力供应。另外，猪场应尽量靠近集中式供水系统（城市自来水）和邮电通讯等公用设施，以利于保障供水质量及对外联系。

（五）排污条件

粪便及污水的处理是猪场最难解决的问题。一个年出栏万头的猪场，日产粪 18~20t。污水日产量因清粪方式不同而有所不同，一般为 70~200t（其中含尿 18~20t）。在场地里要确立污水处理场所的位置，一般污水处理区设计在猪场地形和风向下游，有利于自然排污和保证猪场生产区和生活区减少臭味。

在选址时，猪场周围最好有大片农田、果园、林地、菜地，这样猪场产生的粪水经过适当处理后，可灌溉到农田里，既有利于粪水的处理，又促进当地农业生产。

（六）猪场用地

可根据拟建猪场的性质和规模确定场地面积。种猪场（200~600头基础母猪），按每头占地 75~100m²，商品猪场（600~1 000头基础母猪），按每头占地 5~6m²。确定场地面积时应本着节约用地、不占或少占农田的原则。

二、生态猪场选择场址时应重点考虑的问题

（1）规模猪场应建在离城区、居民点、交通干线较远的地方。

（2）生态养殖，猪场应选建在农村，最好选建在丘陵、山区，选址时要考虑周围有农田、果园、林地、池塘、蔬菜、苗木花卉等配套条件，实行农、牧、林（果）结合，以便于猪场产生的粪污通过农田、果园、林地、鱼塘等自然消纳，减少对周围环境的影响。

（3）养猪场最好利用不能用作农田的丘陵、山地、林地建设。

三、猪场的分区规划

猪场通常分为生活管理区、生产区、辅助生产区和隔离区。生活管理区和生产区位于场区常年主导风向的上风向和地势较高处，隔离区位于场区常年主导风向的下风向和地势较低处（图6-1）。

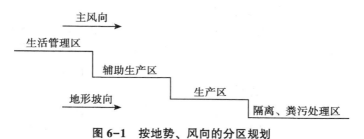

图6-1　按地势、风向的分区规划

1. 生活管理区

主要包括办公室、接待室、会议室、技术资料室、食堂餐厅、职工值班宿舍、传达室、警卫值班室以及围墙和大门，外来人员更衣、消毒室和车辆消毒设施等。生活管理区应在靠近场区大门内侧集中布置。人员生活和办公的生活区应占场区的上风向和地势较高的地段（地势和风向不一致时，以风向为主）。生活区应处在对外联系方便的位置。大门前设车辆消毒池。场外的车辆只能在生产区活动，不能进入生产区。

2. 辅助生产区

主要是供水、供电、供热、维修、仓库等设施，这些设施要紧靠生产区布置，与生活管理区没有严格的界限要求。饲料仓库的卸料口开在辅助生产区内，仓库的取料口开在生产区内，杜绝外来车辆进入生产区，保证生产区内外运料车互不交叉使用。

3. 生产区

生产区是猪场的核心。包括各种猪舍和饲料加工及贮存的建筑物。一般建筑面积占全场总建筑面积的 70%~80%。禁止一切外来车辆与人员进入。生产区应该处在生活区的下风向和地势较低处。

生产区依照风向和径流依次为公猪舍、配种舍、妊娠舍、分娩舍、保育舍、生长舍、肥育舍。

为保证防疫安全，种猪舍要求与其他猪舍隔开，形成种猪区。种猪区应设在人流较少和猪场的上风向或偏风向，种公猪在种猪区的上风向，防止母猪的气味对公猪形成不良刺激，同时可以利用公猪的气味刺激母猪发情。

分娩舍既要靠近妊娠舍，又要接近保育舍。保育舍和生长育肥舍应设在下风向或偏风向，两区之间最好保持一定距离或采取一定的隔离防疫措施，生长育肥猪应离出猪舍较近。

在生产区的入口处应设专门的消毒间或消毒池，以便进入生产区的人员和车辆进行严格的消毒。饲料加工、贮存的房舍应处在生产区上风处和地势较高的地方，同时离猪舍较近的位置。由于防火的需要，干草和垫草堆放的位置必须处在生产区下风向，与其他建筑物保持60m的卫生间距。

有条件时最好将生产区规划为二区域（种猪与商品猪）或三区域（种猪、保育猪与商品猪），分区建筑。

4. 隔离区

兽医室、病猪隔离区、病死猪的尸坑、粪污存放区、处理区等属于隔离区，应在场区的最下风向，地势最低的位置。并与猪舍保持300m以上的卫生间距。处理病死猪的尸坑应该严密隔离。场地有相应的排污、排水沟及污、粪水集中处理设施。隔离区的污水和废弃物应该严格控制，防止疫病蔓延和污染环境。

四、防护设施

1. 防护设施

养殖场界限要划分明确，规模较大的养殖场四周应建较高的围墙或挖深的防疫沟，以防止场外人员及其他动物进入场区。在猪场大门及生产区、猪舍的入口处，应设相应的消毒设施，如车辆消毒池、脚踏消毒槽或喷雾消毒室、淋浴更衣间等。车辆消毒池长应为通过最大车辆周长的1.5倍。

2. 道路

猪场内的道路分人员出入、运输饲料用的清洁道（净道）和运输粪污、病死猪的污物道（污道），净、污分道，互不交叉，出入口分开。

公共道路分为主干道和一般道路，各功能区之间道路连通形成消防环路，主干道连通场外道路。主干道宽4m，其他道路宽3m。其路面以混凝土或沙石路面为主，转弯半径不小于9m。场区内道路纵坡一般控制在 2.5% 以内。

五、生态猪场的规划重点

不同的生态养殖模式，规划时需要因地制宜，合理规划。

1. 基本原则

（1）生态猪场按猪、沼、林、果、鱼等方式规划布局，充分利用自然条件中的场地和资源条件，和周围环境和谐发展。

（2）充分利用自然、天然的饲料资源，猪场产生的粪便和污水能够作为天然植被的有机肥被充分利用，促进植被生长，形成植被—饲料—粪水有机肥，促进植被生长的良性循环。

2. 不同模式的生态猪场的规划

（1）立体养殖的生态猪场分为养殖区、种植区（果树、蔬菜、林木）和水产区。规划时本着养猪为主，与生态环境保护相结合的原则，强化农牧结合，以发展立体种养为方向，本着资源节约、环境优美、循环发展的原则，实现猪场环境清洁、生产过程无害、资源利用高效、经济效益多样化的目的，带动无公害生态养猪产业发展。

①种植。重点规划果树、蔬菜、林木、花卉生产带。

②生态水产养殖区。因地制宜，保护和合理开发渔业资源。

③养殖。合理安排各功能区的位置，搞好道路设置、绿化工作，合理设置粪污处理区。

（2）以沼气为中心的生态猪场分为生活区、工作区、生产区、沼气发电厂及果蔬种植区。应在下风口位置建隔离猪舍、贮粪池、沼气池、贮液池、化尸池和出猪台。

第二节 林下养猪品种选择

一、我国地方猪种的特性及分类

我国地方猪种按体型外貌、生产性能、地理气候和生态条件，大致可划分为华北、华南、华中、江海、西南和高原6个类型。

体型一般呈北大南小，毛色呈北黑南花态势。

（一）我国地方猪种的优良遗传特性

我国地方猪种的优良遗传特性表现在以下几个方面。

1. 繁殖力强

母猪性成熟早，排卵数和产仔数多。我国的地方猪种除华南型和高原型的部分品种外，具有很高的产仔数。如东北民猪每窝平均产仔13.5头，尤其是太湖猪平均窝产仔15.8头。

2. 肉质优良

中国地方猪肌肉颜色鲜红、没有白肌肉（PSE）肉色、系水力强，肌肉大理石纹适中，肌内脂肪含量高、肉嫩多汁，肉香味美。

3. 抗应激和适应性强

绝大多数中国猪种没有猪应激综合征。

4. 矮小特性

我国贵州和广西壮族自治区（以下简称广西）的香猪、海南的五指山猪、云南的版纳微型猪以及台湾的小耳猪，成年体高在35~45cm，体重只有40kg左右，有性成熟早、体型小、耐粗饲、易饲养和肉质好等特性。

（二）分类

1. 华北型

华北型猪种分布最广，主要分布在淮河、秦岭以北。包括东北、华北、西北以及安徽、湖北、江苏等省区全部或部分地区。

在这一分布区域内一般气候较寒冷、干燥，饲料条件不如华南、华中地区丰足，饲养较粗放，许多地区过去养猪多采取放牧或放牧与舍饲相结合，喂猪的青粗饲料比例也较高。由于生活在气候干燥，日光充足，土壤中磷、钙等矿物质含量较高的地方，再加上放牧能获得充分运动，使猪的体质健壮，骨骼发达，外形表现为体躯高大，四肢粗壮，背腰狭窄，大腿不够充实。头较平直，嘴筒长，便于掘地采食，耳较大，额间多纵行皱纹。为适应严寒的自然条件，皮厚多皱褶，毛粗密，鬃毛发达，冬季更生有一层棕红色的绒毛。毛色绝大多数为全黑。

华北猪繁殖性能极强，产仔数多在 12 头以上，护仔性好，仔猪育成率高。乳头有 8 对左右。性成熟早，一般多在 3~4 月龄开始发情。公、母猪在 4 月龄左右即初次配种，产仔数在三四胎以后才达到成年猪的较高水平。

华北猪增重稍慢，一般 12 月龄才达 100kg 以上。由于多采取放牧和吊架子方式，前期增重缓慢，而在最后肥育期间，增重很快，后期的绝对增重常超过其他类型的猪种。由于采取这种肥育方式，其脂肪积累在肥育后期，因而膘一般不厚，板油则较多、瘦肉量大，肉味香浓。

东北的民猪、西北的八眉猪、内蒙古自治区（以下简称内蒙古）的河套大耳猪、河北的深州猪、山西的马身猪、山东的莱芜猪、河南的淮南猪和安徽的定远猪、黄淮海黑猪、汉江黑猪、沂蒙黑猪等均属此型。

2. 华南型

华南型猪种分布在云南省西南部和南部边缘，广西和广东偏南的大部分地区，以及福建的东南角和台湾各地。

这一分布区域位于亚热带，雨量充沛，气温不是最高而夏季较长，农作物一年三熟，饲料丰富，尤以青绿多汁饲料最多，养猪条件最好。因为猪终年可获得营养较丰富的青料多汁饲料以及富含糖分的精料，又生活在温暖潮湿的环境里，新陈代谢较为旺盛，逐渐形成了早熟、体质疏松，且易积累脂肪的一些特点。

华南猪体躯一般较短、矮、宽圆、肥，皮薄毛稀，鬃毛短少。毛多为黑色或黑白花。外形呈现背腰宽阔，腹多下垂，臀部丰圆，四肢开阔而粗短多肉，头较短小，面侧稍凹，额有横行皱纹，耳小上竖或向两侧平伸。

华南型猪的繁殖力较华北型低，产仔数一般每窝 8~9 头，也有高达 11~12 头的。乳头 5~6 对。性成熟较早，母猪多在 3~4 月龄时开始发情，6 月龄左右体重达 30kg 以上即行配种。华南猪早期生长发育快，肥育时脂化早，因而早熟易肥，肉质细致，体重 75~90kg。肥猪的屠宰率平均达 70% 左右，膘厚 4~6cm，厚的可达 8cm 以上。华南型猪种主要包括：两广小花猪、粤东黑猪、海南猪、滇南小耳猪、蓝塘猪、香猪、隆林猪、槐猪、广西的陆川猪、五指山猪、台湾的桃园猪等。

3. 华中型

华中型猪种主要分布于长江和珠江流域的广大地区。

华中型猪分布地区属亚热带，气候温暖，雨量充沛，自然条件较好，粮食作物以水稻为主，青饲料有甘薯藤、苦荬菜、萝卜菜、各种水草与蔬菜叶等，多汁料有南瓜、甘薯、胡萝卜等，精料有米糠、碎米、麦麸、油粕、豆类以及豆渣、酒糟等。

华中型猪的体型和生产性能与华南型猪基本相似，体质较疏松，早熟。背较宽，骨骼较细，背腰多下凹，四肢较短，腹大下垂，体躯较华南型猪大，额部多有横行皱纹，耳较华南型猪大且下垂，被毛稀疏，毛色多为黑白花。

华中型猪的生产性能一般介于华北型猪与华南型猪之间。乳头为 6~7 对，一般产仔数为 10~12 头。生长较快，成熟较早，肉质细致。

华中型猪种主要包括宁乡猪、华中两头乌猪、湘西黑猪、大围子猪、大花白猪、金华猪、龙游乌猪、闽北花猪、嵊县花猪、乐平猪、杭猪、赣中南花猪、玉江猪、武夷黑猪、清平猪、南阳黑猪、皖浙花猪、莆田猪、福州黑猪等。

4. 江海型

江海型猪种主要分布于汉水和长江中下游沿岸以及东南沿海地区。

气候温和，雨量充沛，土质肥沃，是稻麦三熟地区，其他作物以玉米、甘薯、豆类较为普遍。青粗多汁饲料较为丰富，除水生饲料外，甘薯藤和其他间作套种的青饲料种类也较多，有些地区利用胡萝卜较为普遍。精料主要有米糠、麸皮、油饼类、大麦和豆类以及酒糟等。

毛黑色或有少量白斑。外形特征介于南北之间，共同的特点是头大小适中，额较宽，皱纹深且多呈菱形，耳长、大而下垂，面侧有不同程度的凹陷，背腰较宽、平直或稍凹陷，腹部较大，骨骼粗壮，皮多有皱褶。较华北型细致，积累脂肪能力较强，增重亦较快。乳头在 8 对以上，性成熟早，母猪 3~4 月龄已开始发情，经产母猪产仔数在 13 头以上居多，以繁殖力高而著称。小型种 6 月龄达 60kg 以上即可屠宰，大型种 1 岁亦可达 100kg 以上，屠宰率一般为 70% 左右。

江海型猪种主要包括太湖猪、姜曲海猪、东串猪、虹桥猪、圩猪、阳新猪、台湾猪等。

5. 西南型

西南型猪种主要分布在云贵高原和四川盆地的大部分地区，以及湘鄂西部。

各地喂猪用的青饲料有甘薯藤、菜叶等，丘陵山区和谷地还利用树叶喂猪。四川盆地喂苕子、牛皮菜、蚕豆苗等较多，也有南瓜、胡萝卜、菊芋等多汁饲料，精料有玉米、米糠、麸皮、油饼等。

西南型猪头大，腿较粗短，额部多有旋毛或纵行皱纹；猪种毛色多为全黑和相当数量的黑白花（"六白"或不完全"六白"等），但也有少量红毛猪。产仔数一般为 8~10 头；屠宰率低，脂肪多。

西南型猪种主要包括内江猪、荣昌猪、成华猪、雅南猪、湖川山地猪、乌金猪、关岭猪等。

6. 高原型

高原型猪种主要分布在青藏高原。

高原型猪属小型晚熟种，长期放牧奔走，因而体型紧凑，四肢发达，蹄小结实，嘴尖长而直，耳小直立，背窄而微弓，腹紧，臀倾斜。由于高原气压低，空气稀薄，猪的运动量又大，故心肺较发达，身体健壮。为了适应高原干寒和气温绝对温差大的气候，因而皮相对较厚，毛密长，鬃毛发达而富弹性，并生有绒毛。产仔数多为 5~6 头，乳头一般 5 对。

青藏高原的藏猪、甘肃的合作猪和云南的迪庆藏猪等均属此型。

二、林地生态养猪品种的选择

（一）抗病性和适应性强

林地、果园生态养猪，生态放养时，猪比较分散，林地、果园面积大，消毒效果相对较差，应注意选择抗病性强、适应性强的猪，如地方猪品种或地方品种的杂交猪种，以降低养殖风险。

（二）运动强、生长快、出栏早

林地、果园养猪，由于猪的运动量大，会消耗一定能量，导致猪的生长速度变慢，养殖周期变长，养殖成本增大。应选择生长快、出栏早的猪品种，以降低养殖风险，增加利润。

第三节　林下养猪饲养管理技术

猪的生态放养不同于完全舍饲养猪的饲养方式，是在猪的某个生长发育阶段，白天定时把猪赶到放牧地点（林地、草地、山上或收获庄稼后的茬地上等），让猪自由运动，自由采食青草、野菜、野果、树的落果落叶等，晚上回到猪舍补饲、过夜、休息的生态养殖方法。

由于各地自然气候和猪场生产条件不同，放牧时间长短不一致，有的终年放牧．春冬补饲；有的舍饲与放牧相结合，气候寒冷时进行舍饲，而气候温暖时进行放牧；有的仅在夏、秋季进行茬地放牧。

一、猪放牧饲养的好处

1. 放牧可节省饲料

放牧猪可自由活动，自由采食青草、叶菜和掉落果落叶，一般能节约 1/3～1/2 饲料。牧地草质好时，晚上回来补饲一次。

2. 节省人力、物力

舍饲用较多的人力、物力，特别是猪饲料的加工调制比较麻烦。放牧则可免去饲料的加工调制，只需 1～2 个辅助劳力就可完成日常工作，可节省人力、物力，降低养猪生产成本。

3. 有利于猪的健康

放牧时空气新鲜，猪自由运动，能促进食欲和新陈代谢，增强体质和抵抗力。猪放牧时可接受充足的太阳照射，新陈代谢增强，胃肠消化能力提高，促进生长、增强繁殖力，并可防止维生素 D 不足和皮肤病的发生。放牧能补充微量元素，如钙、磷、铁、铜、锌等。在牧草中或土壤中，这些微量元素含量很多，给猪放牧，让它拱土，啃食牧草，能补充微量营养。放牧的猪能从青绿、多汁饲料和土壤中获得比较全面的营养物质。

放牧饲养或放牧与舍饲相结合，对养好各种猪都有利。放牧对种猪、种用后备猪和仔猪尤为重要，可提高种公猪的性欲，精液品质和配种能力；促进母猪发情，防止难产，提高仔数、成活率；促进仔猪的生长发育。

4. 生产优质、绿色、有机猪肉

放牧饲养的猪，采食到大量野草、牧草，猪只运动时间长，猪肉质量好，可以生产出优质、绿色、有机猪肉，符合市场需求，深受消费者喜欢，猪肉价格高，养殖效益好。

二、放牧地的种类

牧地的种类大致可划分为三种类型。

1. 天然放牧地

凡是生有野草野菜的地方都可以利用作为猪的天然放牧地。我国各地自然资源广阔，草场、荒山、荒坡、林地、果园及零星隙地等有野草、野菜生长的地方都可作为猪的天然放牧场地，其中以生长豆科等杂草的地带最有利用价值，以禾本科草为主的牧地，猪不能很好利用。在有丰盛水草的沼泽地区和各种野果（橡子、栗子、榛子等）的丛林地带，也可以用于放牧，因为野果和水草都是猪喜欢采食的，而且有较高的营养价值。

2. 人工牧地

在有条件的地区，可以划出一定数量的土地，栽培高产的饲用作物和牧草，如苜蓿、草木樨、三叶草、野豌豆、豌豆、玉米、瓜类和菊芋等，供猪群放牧。

3. 茬地牧地

大田作物收获完毕后，会留下一些没有收尽的籽实或块根、块茎等。可以利用这种茬地来进行放牧。其中利用价值颇高的茬地有马铃薯地、花生地、甘薯地和胡萝卜地等。

三、猪的牧食行为

猪的牧食行为是在长期生活过程中逐渐形成的。猪放牧时用牙齿切断植物，在舌的帮助下进行吞咽。

猪是杂食动物，在自由放牧时，食各种各样植物，也能吃一些动物，如蚯蚓。

猪的食谱很广，有独特的采食方式，善于从土地中掘食。

1. 放牧时间分配

在完全放牧条件下，猪的采食时间大概在 70%，表示猪群牧食能力好。

猪在放牧中卧息时间很少，是因为猪是杂食动物，不用像反刍动物当瘤胃贮满食物后需静卧反刍，在放牧时在不断摄食过程中即可进行消化。猪的放牧时间统计见表 6-1。

表 6-1　猪的放牧时间统计　　　　　单位:%

草原类型	采食时间	游走时间	卧息时间
高山—干旱草原	79.73（冷季） 67.22（暖季）	15.55（冷季） 30.20（暖季）	4.77（冷季） 2.54（暖季）
高山草原	74.11（暖季）	23.86（暖季）	1.82（暖季）
森林草原	68.3（冷季） 81.2（暖季）	31.7（冷季） 12.3（暖季）	0（冷季） 6.6（暖季）

2. 采食速度

猪的采食速度见表 6-2。

猪的采食速度因季节不同相差悬殊，这是由于土质情况、土壤冻结与否、植被的差异所致。暖季采食速度为冷季的 3~5 倍，表明暖季放牧效果较好。同是暖季，采食速度也因草原类型不同而有所差别，森林草原采食速度最高，可为其他草原类型的 2 倍，放牧猪的条件优越。

表6-2 猪的采食速度 单位：口/秒

草原类型	冷季	暖季
高山—干旱草原	0.12	0.49
高山草原	—	0.36
森林草原	0.13	0.88

因为猪在采食时有拱土活动，猪的采食速度与牛、羊相比要低得多，只相当于1/2~2/3。但是猪的单口采食量比牛、羊大1~2倍，所以牧食效果并不差。

3. 放牧日内的采食量

在一个实际的放牧日内（9~10小时），猪的采食量因季节不同而有很大差异，而不同的草原类型对采食量的影响较不显著。由于季节不同，猪的采食量相差很大。在冷季牧草产量低微（初春）或者根本没有牧草（冬季）时，猪只能掘食植物地下部分或散落土中的籽粒，采食量很小，冷季放牧不能满足猪的营养需要，暖季放牧足以维持当地猪种的正常生长发育。猪的放牧日采食量见表6-3。

表6-3 猪的放牧日采食量 单位：kg

草原类型	冷季	暖季
高山—干旱草原	1.2[①]	5.68
高山草原	—	5.74
森林草原	1.45[②]	6.10

注：①嫩草。
②野生燕麦，其他为籽粒。

成年母猪全天放牧时采食时间为3~5小时，共需采食牧草12~20kg，小母猪为12~15kg，断奶仔猪采草量仅为6~10kg。

4. 猪的运动

生长阶段的猪灵活，能够到处跑动，而成年猪，由于体躯相对粗重，不适于快速跑动，往往仅能跑几米远，但是它们能以适当的速度长距离快步走。

5. 放牧距离

放牧半径是猪自猪舍向四周牧食的距离，据观测放牧猪群的牧食半径最少为1 500m，一般可达2 000m。不同草原类型上猪群牧食半径见表6-4。

但在猪的放牧过程中应注意，猪在牧食时有拱土活动，应采用适宜的放牧强度和控制技术，因为拱土过甚，对草地有害。

表6-4   不同草原类型上猪群牧食半径 单位：m

草原类型	冷季	暖季
高山—干旱草原	1 500	2 200
高山草原	—	1 500~2 000
森林草原	2 250	—

四、放牧前的准备工作

（一）放养计划的制定

1. 放养猪的数量的确定

为防止过牧，应确定适宜的载畜量。放养猪的数量要与林地面积有合理的比例。

据美M. E. 希斯等建议，每公顷放养猪数为：妊娠期，24头；泌乳期，12头；生长期，75头；肥育期，50头。

2. 合适放养日龄和体重

（1）放养日龄。刚断奶的仔猪应激性较强，对气候变化反应较大，不适宜马上放养。70~180日龄的内二元杂交猪或70~240日龄的地方猪可放养。

（2）放养体重。刘江莉的报道，选择30头仔猪，按照体重不同分为 3 个组，进行了 20~30kg、40~60kg、60~80kg 3 个不同体重标准舍外放养的对比试验。通过试验发现，舍外放养时间太早、小猪体重过小，放养后对增重影响很大，部分猪可以造成终身影响，体重和日增重明显小于体重较大后开始放养的猪。体重过大后（70~80kg 以上）开始舍外放养，猪的适应性和放养阶段的生长速度明显优于体重小的，但放养期必须有一个阶段对猪进行"瘦身"，否则出栏前猪会过肥，很难控制（尤其是野猪），从成本控制角度考虑，得不偿失。最优的适宜放养体重在 40~60kg。

（3）放养期。应根据各地气候条件，林地植被生长、对猪肉的质量、等级要求等情况，合理确定放养期。如东北林区山上无雪期仅 6 个半月左右，野养猪放养初期体重过低，到大雪封山前尚达不到出栏体重，仍需回家饲养 1~2 个月，野养猪就失去了绿色有机猪的意义，因此，应在 2 月中下旬购进仔猪，在家中饲养 45~60 天，体重达到 30~35kg，于 4 月中下旬上山放养，10月中下旬出栏时体重可达到 100~120kg。

（二）对猪进行驯化

1. 放牧适应性训练

由舍饲转到放牧饲养时，注意放牧和舍饲应逐步转变，有 1~2 周过渡期，使猪能逐渐适应放牧环境。

一般在放牧季节开始前的 10~15 天应逐渐减少舍饲猪的喂量，减少精料，逐渐补加青饲料。如果改喂青饲料过急，猪（特别是幼猪）易发生肠胃病，哺乳母猪会由于乳的成分发生变化，所哺乳的仔猪常易患下痢。并避免骤然空腹整日放牧，否则会因猪只没有放牧习惯，造成消化不良等疾病。

当舍饲转为放牧时，逐渐增加其运动和放牧的时间。第一天把猪放到牧地 1~1.5 小时，第二天增加到 2~2.5 小时，第三天 4小时，第四天 5 小时，第六天 6 小时，以后正式进入放牧期。

在转换期间，猪从牧地赶回来经过一小时半休息后再补喂饲料。要根据四季放牧条件的不同，确定舍饲、补喂、饮水的次数及喂量，以保证猪群的营养需要。

山地放养时，猪上山初期应先圈养3天，每天饲喂2~3次，让猪熟悉周围环境，从第4天开始打开圈门，让猪自由活动，采食附近野果和植物，傍晚时喂食1次，以猪吃饱为主，喂食时要配合吆喝或敲击食盆等一些音响，召唤猪回归，使猪形成条件反射，一周时间即可养成傍晚回归吃食休息的习惯。一周后开始定量喂食，每天傍晚一次，喂到八分饱，使猪第二天清晨处于饥饿状态，促使猪到林中觅食。

猪到林中采食时，一般为群体活动，由近及远，四处觅食。先采食橡子、榛子、核桃等坚果及可口的野菜，再采食野草和可食性草根，近处采不到就跑到远处游动，最远可游动到距圈舍3 000~4 000m，但到下午时都能往回游动，傍晚回到圈舍吃食、休息。

2. 做好猪的调教，训练领头猪

要做好猪只调教，使其听从指挥，养成合群性。开始先在猪舍外的场地上撒些饲粮或青草青菜，让它们在一起采食1~2天，然后分期合群放牧。即：头一天赶出1/3，第二天再赶出去1/3，第三天又加入最后的1/3。这样由少到多，以熟带生，既顺利又安全。

对猪的呼唤也要进行调教，开始一人领路，边走边撒些饲粮，边吹哨（笛）或用习惯的呼声呼唤，后边一人赶着，群大时左右各设一人监视，4~5天就可由1~2人放牧了。

为了在放牧途中便于控制猪群，事前可训练几头领群猪。选择几头体格强壮、胆大、性情活泼而灵敏的猪，可经常一边唤猪，一边给予食物引诱。随后增加使用猪只习惯的各种口令，当它听从口令时，就给以食物，不听从时，就唤猪、打鞭，这样经过几次之后，猪就能形成条件反射，听从放牧工人的口令来带领猪群。

（三）健康检查、防疫与驱虫

在猪群放牧前的半个月，检查猪只健康，健康无病猪只才能放牧，患病猪只治愈后才能放养。同时进行疫苗接种、驱虫。

（四）分群

放牧前应当根据猪的种类、大小、强弱、性别，分群编组。

在放牧前根据猪的种类及放牧距离，把猪分成小群：哺乳母猪及仔猪、离乳仔猪和妊娠后期的母猪为一群；妊娠前期的母猪、未妊娠母猪和后备幼猪为一群；肥育猪，如果猪群小，为了节省劳力，也可归入后备幼猪群。种公猪，单独编群进行放牧。

产前产后2周的母猪和仔猪、发情母猪、加料催长的肉猪（催肥的肥猪）和病猪应舍饲。

放牧开始时猪群宜小，以后可适当增大。

（五）分区轮牧计划

放牧地的区划：利用天然牧地或人工牧地放牧时，为了合理使用牧地和提高牧地的利用价值，在放牧前应把放牧地区划成一些小区，进行轮牧，顺次利用。每小区的面积应根据猪的头数、年龄及牧草密度和质量而定。一般以每小区能够放牧3~4天为宜。在良好的人工牧地上放牧，每头猪每日需要的牧地面积见表6-5。

表6-5 每头猪每日所需要的牧地面积

猪的种类	所需面积（m²）
母猪和公猪	5~10
后备小猪和4个月以上的肥育猪	4.5~5.0
2~4月离乳仔猪	1.5~2.5

放牧时必须采取轮流放牧方式，把最好的和距离近的牧地分给带仔的哺乳母猪、妊娠后期母猪和离乳仔猪，把距离较远和草质较差的牧地分给未妊娠母猪、妊娠前期母猪和后备猪。

（六）修建简易圈舍

圈舍的修建要选择在交通方便、透光的林下空地或山沟的中下部，圈舍建设可采用木料、石料或砖料，要背风向阳，地面防水。

五、放牧技术

（一）放牧安排

猪的放牧日程须根据所在地区的气候条件而定。

一般在夏季早上 5~6 时出牧，至 9~10 时收牧。中午天气炎热时，必须把猪赶至阴凉处或敞圈里休息。在中午休息时，进行第一次补饲。下午 3~4 时出牧，至 6~7 时收牧，7 时以后，进行第二次补饲。

至 8—9 月时，宜在上午 8~10 时和午后 3~5 时放牧。

冬季时要晚出早归，早上 10 时出牧，下午 4 时收牧。

（二）放牧时间

猪的放牧时间视牧草的密度和草质而定。在生长良好的豆科牧草地上，一般可放 1~1.5 小时；在牧草稀疏的情况下可放 2~2.5 小时；在草质很差的荒凉的牧地上需要放牧 3 小时以上。

在放牧中当发现有些猪采食速度变慢，不能安静的吃草，其中某一部分猪开始掘地或躺在牧地上休息时，这就是猪已经吃饱的特征，这时应立即收牧。

收牧时，应让猪边吃草边往回赶，不宜走得太快。回舍后不要马上喂料，以免养成猪只老想回舍吃料，不好好在牧地上吃草的习惯。

（三）放牧距离

放牧距离不能过远，一般公猪、肥育猪、未妊娠母猪、妊娠前期母猪和 4 个月龄以上后备猪为 1 000~1 500m，妊娠后半期和带仔哺乳母猪为 250~500m，断乳仔猪为 500~1 000m。

冬季可比夏季走得稍远一些。放牧时每走一段距离应休息一下，尤其是刚出圈时，不能赶的太急。

（四）猪群放牧期内的补料量

猪在野外环境中采食野生植物，并不能完全满足猪的生长需要，还要进行一定的补饲。一般猪上山前 3 天，为适应环境采取自由采食的方式补饲，从第四天开始减少配合饲料用量，一周后改为每天傍晚喂一次，补喂量随猪在野外采食量的逐步增加而减少。

猪群在放牧时，不同年龄猪的营养需要和采食量不同，放牧草地的质量不一，放牧不能完全满足猪群对各种营养的需要，应当适当补喂一些饲料。补喂饲料的数量主要根据猪的年龄、营养状况、草地品质和密度等因素确定。

各类猪应补喂的量多少，大致可参考表 6-6。

表 6-6　放牧猪群的补料量（占日粮饲养标准的百分比）

猪　别	优良放牧地	贫瘠放牧地
2~4 月龄以前的仔猪	100	100
后备仔猪	65	70
哺乳母猪和怀孕后期的母猪	70	75
空怀母猪和怀孕 2~3 月的母猪	20~40	35~50
非配种期的公猪	45~60	60~70
配种期的公猪	70	75
4~8 月龄的肥猪	65~75	80~85

对草地放牧猪进行营养补充。补充饲料的数量，取决于牧草

质量及猪的生命周期阶段。建议的放牧猪饲养方案见表6-7。表6-7的数值，是以高质量豆科牧草为基础的。

表6-7　建议的放牧猪饲养方案

生命周期阶段	每公顷猪数（头）	每天给料（kg）	精料中蛋白质含量（%）
怀孕期	24	1	13
泌乳期	12	4~5	13
生长期	75	充分喂给	15
肥育期	50	充分喂给	12

在补饲时，必须在放牧之后经过1~1.5小时休息后进行。

（五）饮水

在放牧时，特别在热天都应供给充足清洁的饮水。饮水不足，会严重影响猪的正常新陈代谢，如对哺乳母猪会显著减低泌乳量；小猪会停止生长，肥育猪每日增重不大。

在放牧区和猪舍的露天地方，应放有水槽经常盛有新鲜清水。当发现猪在牧地上不时张嘴、乱跑乱拱，为猪口渴的表现，应赶快给猪饮水，休息一会儿后再放牧。

（六）洗澡

猪在放牧时，皮肤极易污染泥土，所以每周最少要让猪洗澡1~2次。洗澡最好要选暖和天气，严格注意不让猪到污水坑内洗澡，以免感染疾病。

怀孕母猪在分娩前半个月左右，应禁止大群洗澡或洗冷水澡，以防止流产。

必须在温暖的天气里、水温在18~20℃以上进行。

在洗澡之前，必须使猪在水边休息1~1.5小时。

洗完澡后，应将猪赶到避风向阳、暖和的地方晒干，防止发生感冒。

（七）放牧控制

群众经验，放牧猪只行走快慢及占面积大小的控制方法是：掌握快慢在于领猪人，人走快则猪走快，人走慢则猪走慢，如果让猪大面积行动，由领猪人用鞭子在猪的面前划弧形，猪只为了躲鞭子，即成大面积前进，如果成单行队形，则由后边的放牧人员用鞭子打击地面两侧（不打猪），前边领猪人走的稍快些，即成单行队形。

赶猪时要掌握四不打，即"母猪不打肚，公猪不打尾，小猪不打头，克郎（断乳以后到育肥以前的去势猪）不打腿。"这样赶猪走得稳，猪也听指挥，不发生乱群。

在放牧前，把猪赶到粪堆排泄粪尿，然后再赶出去放牧。

（八）适时出栏

家猪在野外饲养期为 6~7 个月，日增重 350~450g，平均约为 400g，体重达到 100~120kg 时要及时出栏，从 10 月上旬开始，陆续进入出栏期。

（九）注意事项

1. 预防中毒

猪对有毒植物具有本能鉴别力，一般不会主动采食有毒植物，但有时个别猪会误食黎芦、毒芹等有毒植物，中毒后，出现呕吐、兴奋不安、呼吸困难等症状，要采取必要的对症治疗。同时配合肌肉注射强力解毒剂，灌服白酒或绿豆水等解毒剂。

2. 勤观察

猪在野外活动量较大，随群观察较困难，应在每天傍晚猪群回归时清点数量，仔细观察猪的采食状态，精神状态和粪便状态，对不归的猪只要及时查找，查明原因，部分猪在野外饱食后寻找树下干燥处晚睡而不归属正常现象。家猪野养，活动性大，机体抗病力强，一般不易发生疾病。对于有病的猪要及时隔离治疗，病好后再放到野外。

3. 放牧员要做到"五勤""三赶""三不赶"

五勤是：一要腿勤，不图省跑路，不让猪抢食和损坏作物；二要嘴动，猪只乱跑乱咬、偷吃作物时，要勤喝令制止；三要手动，用嘴喝令制止不行时，用响鞭或投掷土块进行制止；四要眼勤，对每头猪都要详细观察，发现问题及时处理；五要耳勤，经常听取牧地上的声音，注意有无猪只咬架，损坏作物的响声。

"三赶"是早上空肚出牧可以赶，但不要赶得太快；路面无尘土时可以赶；秋夏季放牧茬地时可以赶，让猪拾干净剩下的作物。

"三不赶"是当猪群有秩序地进行时，不要追赶，以免引起猪群乱跑；地干、地硬或尘土多时，不要追赶，以免损伤猪的蹄匣和引起呼吸道疾病；饱食和饮水后，不要追赶，以免发生腹痛和其他疾病。

4. 注意天气变化和注意收听当天的天气预报

放牧员必须看天气变化和注意收听当天的天气预报，如果天气不好，就不要进行放牧，以免中途遇到风雨，造成猪只损失。刚下过雨的牧地，不要放牧，以免踏坏。发生疫情的地区，必须实行疫区封锁、暂禁放牧，防止猪病蔓延。

六、四季放牧注意事项

放牧与气候有密切关系，根据不同季节和牧地特点，合理组织放牧，才能取得良好的效果。四季放牧技术因不同地区的自然条件、农业生产、饲料供应和放牧习惯等情况而有差异。"春放阳坡，夏放凹，秋天满坡撒""夏放河，冬放坡""夏天放两头，冬天放中间""春、夏放青草，秋、冬放茬地""春放草根（掘食根茎及采食嫩草），夏放叶（夏季野草茂盛，猪只多采食上部的嫩叶），秋放茬地（或草尖，即采食草籽），冬放果"等谚语，概括了四季放牧的要领，符合不同季节和牧地的特点。

1. **春季**

（1）天气寒冷，草芽新发，放牧比较困难，应实行放牧与舍饲相结合。

（2）初春，丘陵地区阳坡解冻和青草返青较早，猪群应放阳坡。洼地比较暖和，青草也长得较好，可放洼地。

（3）每天应迟出早归，出牧前和收牧后都应加喂一次饲料。在开始放牧时，出牧前多喂些粗饲料，放牧时间短些，以后才逐渐延长放牧时间。

（4）遇早春天冷，青草不多，出牧不宜过早，应先喂顿稀食，让猪吃个半饱并休息片刻后再放，并且途中应让猪撒开自由觅食。

（5）为防止误食毒草，在选择放牧地时应注意检查。

（6）春季有时风沙较大，可找避风的地方放牧。

（7）猪怕雨淋，淋雨会引起感冒。

（8）春季气候干燥，要让猪多饮水，放牧回来后，可喂一顿稀食。

（9）放牧时间，采取晚出早归，一般在上午8~9时出牧，下午3~4时回牧。

（10）春季开始放牧时，草嫩水多，且矮小，猪吃不饱，也易下痢，尤其沿海地区放牧盐藻（别名黄须、黄须菜、红藻、滨碱蓬等）幼苗时更为严重。

（11）农场经验，为防止下痢，可采取下列措施：放牧开始前5~7天，在出牧前先喂些青绿饲料然后再赶到牧地上放牧，开始放牧时，出牧前多喂些粗料，放牧时间要短，以后逐渐延长放牧时间；在1日内更换2~3次牧地，不让猪尽吃一种草；春季不放冷露草。

2. **夏季**

天气炎热、百草丛生、饲料丰富，是放牧良好的季节。

（1）夏季天气炎热，猪在早晚凉爽时采食多，上午早出早回，下午晚出晚回，中午在树林内、河边或圈舍内休息。故有"夏季放两头"的谚语。

（2）应特别注意多给饮水，防止中暑患病，饮水前后应稍加休息。

（3）夏天河滩地方水足草多，是放牧的好地方。夏季放牧应找有水草、树荫的地方。

（4）群众经验，在山地放牧时，上午放东坡，下午放西坡，或赶到果林内放牧。这样可以让猪在阴凉处吃草。同时，晚上回来后，先让猪到外边高处乘凉，到夜深凉爽时再赶入圈舍内。

（5）夏季天气炎热，多雨，放牧时要特别注意天气的变化。遇上暴雨不要急着往回赶，最好暂时找个地方避雨。在山区，要把猪往山上赶，以免被山洪冲击。

（6）群众经验，夏季放猪要做到三晚三勤。三晚是天热下午晚出牧，晚收牧，收牧后晚喂食，三勤是勤饮水，勤洗澡，勤检查猪数。

3. 秋季

（1）天气暖和、温度适中，作物收获，猪只可在茬地放牧和多吃草。放牧收获后的作物地，让猪寻食茬地粮食颗粒、地边杂草种子及掘食遗留在地面的甘薯、花生等。

（2）每天早出晚归，适当给予饮水和休息。晚秋应在霜露蒸发后出牧，否则容易引起胃肠病和造成母猪流产。

（3）秋季天气晴朗，不冷不热，是放牧的最好季节。每天放牧时间可长些，距离可远些。放秋茬期间，因猪吃到较多的干物质，应注意补充饮水。

（4）秋季雨凉，猪怕雨激，阴天不可放牧。

4. 冬季

（1）冬季天气变冷，猪吃不到多少东西，放牧的主要目的是让猪运动，应改为舍饲为主。

（2）放牧应改为晚出早归，中午宜于放牧，猪只选择在茬地或向阳避风的山坡放牧。群众有"夏放凉，冬放阳"及"夏放河，冬放坡"的谚语。在大风和下雷天不宜放牧。

（3）冬季天气寒冷，一般情况下，中午适于放牧，早晚不宜放牧。群众说的"冬放中间"或"晚出早归"就是这个意思。

（4）放牧时要找温暖向阳背风的地方，冬季牧程要近些，大风及下雪天不可放牧。

七、果园生态养猪关键技术

1. 防止猪对树体的破坏

猪生性爱啃树，在果园养猪，猪会啃咬近地面树叶、树皮。果树树皮是运输水分和养分的组织，树皮的破坏往往造成果树生长不良甚至死亡。要对果树采取保护措施。可砌水泥围栏，以果树树冠外围在地面上的垂直投影（树荫）为界，以水泥和砖砌成圆形或方形围栏，栏高 60cm。水泥围栏可有效阻止猪啃树，保证果树正常生长。

2. 减少喷药次数

果树喷施农药会造成猪农药中毒。可采取减少喷施农药次数、猪隔离保护等措施防止猪中毒。在喷施农药前，将猪赶进猪舍隔离，隔离期一般 3~5 天。

3. 训练猪定点排粪

喂食前后，将小猪赶进事先放有新鲜粪便的"厕所"让小猪闻，经过几次定点训练后，大部分小猪能定点排便。部分小猪可通过指定专人将其赶进"厕所"。"厕所"的猪粪可以排进沼气池，沼气可以供果园人员做饭、照明，沼气残渣可以做成有机肥，就近施入果园。

第七章 林下养牛技术

第一节 林下养牛场地规划

一、肉牛场场址选择

（一）地形地势

养牛场地应当地势高燥，向阳背风，排水良好。地下水位要在 2m 以下，或建筑物地基深度 0.5m 以下为宜。地面应平坦稍有缓坡，一般坡度在 1%~3% 为宜，以利排水。山区建场，应选在稍平缓坡上，坡面向阳，总坡度不超过 25%，建筑区坡度 2.5% 以内。地形应尽量开阔整齐，不要过于狭长或边角过多，这样在饲养管理时比较方便，能提高生产效率。

（二）地理位置

地理位置的选择主要考虑以下几个方面。

1. 交通

场址选择时要求交通便利，考虑物资需求和产品供销，应保证交通方便。场外应通有公路，但不应与主要交通线路交叉。一般牛场与公路主干线的距离不小于 500m。

2. 饲料供应

肉牛饲养所需饲料特别是粗饲料需要量大，牛场应距离秸秆、青贮和干草饲料资源较近，以保证草料供应，减少运费。

3. 防疫

为防止被污染，牛场与各种化工厂、畜禽产品加工厂等的距离应不小于1 500m，而且不应将养牛场设在这些工厂的下风向。远离其他养殖场。与大型畜禽场之间的距离应不少于1 000~1 500m。远离人口密集区，与居民点有1 000~3 000m以上的距离，并应处在居民点的下风向和居民水源的下游。

4. 不在《畜禽规模养殖污染防治条例》规定禁止的区域建场

①饮用水水源保护区，风景名胜区；

②自然保护区的核心区和缓冲区；

③城镇居民区、文化教育科学研究区等人口集中区域；

④法律、法规规定的其他禁止养殖区域。

（三）水电供应

靠近输电线路，以尽量缩短新线敷设距离，并最好有双路供电的条件。尽量靠近集中式供水系统（城市自来水）和邮电通讯等公用设施，以便于保障供水质量及对外联系。

牛场要有可靠的水源。肉牛的饮水量，一般为45L/（天·头），人员生活用水100L/（天·人）。要求水量充足，能满足牛饮用和生产用水、场内人员生活用水等。

肉牛场供水最好采用地下深层水，通过水塔、水箱或压力罐供水，采用水塔或水箱供水其储水量以满足3~5天的供水需求为宜。水质要求良好，无色、无味、无臭，透明度好。水的化学性状需了解水的酸碱度、硬度、有无污染源和有害物质等。饮用水水质要符合无公害畜禽饮用水水质标准。

（四）牛场用地

牛场占地面积：肉牛场（年出栏育肥牛1万头），每头占地16~20m²（按年出栏量计）。确定场地面积时应本着节约用地、不占或少占农田的原则。

（五）生态肉牛场选择场址时重点考虑的问题

（1）规模肉牛场应建在离城区、居民点、交通干线较远的地方。

（2）生态养殖，肉牛场最好选建在丘陵、山区，选址时考虑周围有农田、果园、林地、池塘、蔬菜、苗木花卉等配套，实行农、牧、林（果）结合，以便于肉牛场产生的粪污通过农田、果园、林地、鱼塘等自然消纳，减少对周围环境的影响。

（3）肉牛场的建设最好利用不能用作农田的丘陵、山地、林地。

二、场地分区规划、布局

养牛场场址选定以后，要根据该场地的地形、地势和当地主风向，对牛场内的各类房舍、道路、排水、排污等地段的位置进行合理的分区规划。同时还要对各种房舍的位置、朝向、间距等进行科学布局。

养牛场各种房舍和设施的分区规划，主要考虑有利于防疫、安全生产、工作方便。尤其应考虑风向和地势，通过牛场内建筑物的合理布局来减少疫病的发生。科学合理的分区规划和布局还可以有效利用土地面积，减少建厂的投资，保持良好的环境卫生和管理的高效方便。

养牛场通常分为生活管理区、生产区和隔离区。生活管理区和生产区位于场区常年主导风向的上风向和地势较高处，隔离区位于场区常年主导风向的下风向和地势较低处（图7-1）。

（一）生活管理区

包括经营、管理、化验等有关的建筑物，如办公室、职工宿舍、门卫室、更衣消毒室等。应在牛场（小区）上风处和地势较高地段，并与生产区严格分开，保证适当距离。生活区应处在对外联系方便的位置。大门前设车辆消毒池。

图 7-1　按地势、风向的分区规划图

（二）生产区和辅助生产区

生产区是牛场核心区域，应该处在生活区的下风向和地势较低处。牛舍分为母牛舍、犊牛舍、育成牛舍、育肥牛舍，肉牛舍应建在生产区的中心，并按照牛群的生产目的、体重、年龄等指标对牛群分舍饲养。青贮池、干草棚等辅助设施可布置在靠近牛舍的边缘地带，便于加工和运输。

（三）隔离区

病牛的隔离、病死牛的尸坑、粪污的存放、处理等属于隔离区，应在场区的最下风向，地势最低的位置。并与牛舍保持100m 以上的卫生间隔。大型牛场应在生产区下风向 300m 以上的地方单独建病牛隔离舍。

第二节　林下养牛品种选择

我国地域辽阔，原生牛种数量多，地域差别大，各品种在生产性能和适应性方面呈高度差异。根据我国自然资源状况、气候条件和地理特征，推荐各地区适宜当前肉牛业发展的国内外肉牛良种。

一、东北地区

东北地区包括黑龙江、吉林、辽宁 3 省和内蒙古东部地区等。该地区建议使用西门塔尔牛、安格斯牛、夏洛莱牛、利木赞

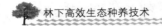

牛以及黑毛和牛进行杂交改良；国内品种如秦川牛、鲁西牛、南阳牛、晋南牛、延边牛等，繁殖性能好、极其耐寒、耐粗饲，也推荐使用。

二、中原地区

中原地区包括山西、河北、山东、河南、安徽和江苏 6 省区。该地区适宜的肉牛品种包括西门塔尔牛、安格斯牛、夏洛莱牛、利木赞牛和皮埃蒙特牛等国外肉牛品种和本地区良种黄牛鲁西牛、南阳牛等。

三、南方地区

南方地区泛指湖北、湖南、广西、广东、江西、浙江、福建、海南、重庆、贵州、云南及四川东南部 12 省区。该地区适宜的肉牛品种包括婆罗门牛、西门塔尔牛、安格斯牛和婆墨云等。

四、西部地区

西部地区包括陕西、甘肃、宁夏、青海、西藏、新疆、内蒙古西部及四川西北部 8 省区。西北、内蒙古地区推荐使用安格斯牛、西门塔尔牛、利木赞牛、夏洛莱牛，适宜推广的国内品种为秦川牛；四川西北地区牦牛品种和数量相对较大，重点应推广大通牦牛等牦牛品种。

第三节 肉牛育肥实用技术

一、三种育肥方式

（一）放牧育肥

放牧育肥是指从犊牛育肥到出栏，完全采用草地放牧而不补充任何饲料的育肥方式。这种育肥方式适合于人口较少，土地充足，草地广阔，降雨量充沛，牧草丰盛的牧区和半农半牧区。例如新西兰肉牛育肥基本上以这种方式为主，一般自出生到饲养至18个月龄，体重达400kg便可出栏。

如果有较大面积的草山草坡可以种植牧草，在夏天青草期除供放牧外，还可保留一部分草地，收割调制青干草或青贮料作为越冬饲用，较为经济，但饲养周期长。

有荒山草地的地方，在牧草丰盛的季节应放牧饲养。在其他季节，以放牧结合补饲方式育肥效果较好。一般质量较好的牧地，可进行分区轮牧或条牧。先将牧地依牛群大小划分为几片，用刺篱、铁丝等隔开，清除有毒植物，然后将牛群赶入，每片连续放牧7~15天，再按顺序到其他片放牧。

牧草中钾含量高而钠含量低，须补充食盐。可在水源附近设置矿物质舔食槽。根据本地区所缺乏的矿物质及缺乏程度，按比例将食盐、骨粉、石粉等混合均匀放入舔食槽，任牛自由舔食，也可在牧地放置矿物质舔砖来补充盐分的不足。矿物质饲料中一般应含有钙、磷、钠、氯、铜、锌、硒、锰等，内陆地区应加碘。

单靠放牧青草而无法达到计划的日增重指标时，必须回圈补充精料。

（二）半舍饲半放牧肥育

夏季青草期牛群采取放牧育肥，寒冷干旱的枯草期把牛群于舍内圈养，这种半集约的育肥方式称为半舍饲半放牧育肥。

此法通常适于热带地区，当地夏季牧草丰盛，可满足肉牛生长发育的需要，而冬季低温少雨，牧草生长不良或不能生长。

我国东北地区，也可采用这种方式，但由于牧草不如热带丰盛，夏季一般采取白天放牧，晚间舍饲，并补充一定精料，冬季全天舍饲。

采用半舍饲半放牧育肥，应将母牛控制在夏季牧草期开始时分娩，犊牛出生后，随母牛放牧自然哺乳。母牛因在夏季有优良青嫩牧草可供采食，泌乳量充足，能哺育出健康犊牛。当犊牛生长至5~6月龄时，断奶重达到100~150kg，随后采用舍饲，补充一点精料过冬。在第二年青草期，采用放牧育肥，冬季再回到牛舍舍饲3~4个月即可达到出栏标准。

采用这种育肥方式，不但可利用最廉价的草地放牧，节约投入支出，而且犊牛断奶后可以低营养过冬，在第二年青草期放牧能获得较理想的补偿增长。

采用此种方式育肥，还可在屠宰前有3~4月的舍饲育肥，从而达到最佳的育肥效果。

（三）舍饲育肥

舍饲育肥是农区和农牧交错带的常见方式。舍饲育肥有以下3种饲养方式。

（1）定时上槽。每日定时上槽2~3次，饲喂后放于运动场自由运动、自由饮水，或饮水后拴系于舍外。这是一种传统的舍饲方式。由于采食、饮水、活动都受到不同程度的限制，使牛的生长发育受到抑制，同时上下槽加大了饲养员的工作量。

（2）小栏散养。每个小围栏放6~7头牛，自由或定时采食，自由饮水、运动。由于牛的采食时间充足，饮水充分，并充分应用了牛的竞食性，因此能提高饲料利用率，充分发挥其生长发育的潜力，同时省人工，是一种值得推广的舍饲方式。

（3）全天拴系。自由采食和饮水，定时给料。这种方式省工、省场地，在同样饲料条件下，由于活动量减少到最低限度，提高日增重约10%，是一种值得推广的舍饲方式。

二、肉牛的育肥技术

按照育肥对象不同，肉牛肥育可分为犊牛育肥、幼龄牛强度育肥、架子牛育肥、成年牛育肥。

（一）犊牛育肥

1. 犊牛肉的种类及特点

犊牛育肥是肉牛持续育肥的生产方式之一。使用犊牛所生产的牛肉有白牛肉、红牛肉和普通犊牛肉。

（1）白牛肉。犊牛出生后仅饲喂鲜奶和奶粉，不饲喂任何固体饲料，犊牛月龄达到 3～5 个月，体重达 150～200kg 时，即进行屠宰，这样生产的牛肉称为白牛肉。

（2）红牛肉。犊牛出生后仅饲喂玉米、蛋白质补充料和营养性添加剂，而不饲喂任何粗饲料，当月龄达 7 个月，体重达 350kg 左右时屠宰，这样所生产的犊牛肉称为红牛肉。

（3）犊牛。犊牛出生后，饲喂高营养日粮，包括精料和粗料，快速催肥，月龄达到 12 个月，体重达到 450kg 左右时屠宰所得到的牛肉。

2. 犊牛的选择

生产犊牛肉大多是用淘汰的乳用或兼用牛的公犊。可选荷斯坦公牛犊，喂过 5 天初乳后即转入饲养场。乳用公犊牛生长快，饲料转化效率高，肉质好，适合生产犊牛肉。出生重宜在 40kg 以上，平均重量 45kg。

犊牛应健康无病，无不良遗传症状，无生理缺陷，饮过初乳，体型结实。

（1）白牛肉的生产。从出生到 100～150 日龄，全期仅饲喂鲜奶和低铁奶粉，不饲喂其他固体饲料。这种牛肉鲜嫩、多汁，有乳香味，肉色全白或稍带浅粉色，是一种昂贵的高档牛肉。

平均每生产 1kg 白牛肉需要耗鲜奶 11.0～12.4kg 或者消耗奶粉 1.3～1.46kg。

（2）红牛肉的生产。乳用公犊牛断奶后使用一般精饲料肥育，饲养到 7 月龄体重达 350～370kg 时出栏。在哺乳期间不补粗饲料，只饲喂整粒玉米与少量添加剂，断奶后完全用整粒玉米和蛋白质补充料加添加剂。饲喂方式为自由采食，预计每头日进食量为 6~8kg，日增重达 1.3~1.5kg。如改为玉米粒压扁或粗粉饲喂效果会更好。

（3）犊牛肉的生产。一般选择荷斯坦小公牛中或大型肉牛和黄牛杂交一代小公牛。

在初生重 3 840kg 的基础上饲养 365 天，日增重 121.3kg。饲养结束时，荷斯坦公牛的体重可达 450~500kg，杂交一代公牛约为 300kg。犊牛每增重 1kg 消耗日粮干物质 6.59~7.29kg，其中包括精料 3.22~5.82kg 和粗饲料 1.9~3.75kg。

（二）育成牛持续肥育

利用牛早期生长发育快的特点，在犊牛 5~6 月龄断奶后直接进入育肥阶段，提供高营养水平饲料，进行强度育肥，在 13~24 月龄出栏时体重达到 360~550kg。这类牛肉鲜嫩多汁，脂肪少，适口性好，属于高档牛肉的一种。

持续育肥分为舍饲强度育肥和放牧加补饲强度育肥、放牧加舍饲加放牧持续育肥。

1. 舍饲强度育肥技术

舍饲强度育肥指在育肥的全过程中采用舍饲，不进行放牧，保持始终一致的较高营养水平，一直到肉牛出栏。采用该种方法，肉牛生长速度快，饲料利用率高，加上饲养期短，所以育肥效果好。

舍饲强度育肥分 3 期进行。①适应期，刚进舍的断奶犊牛不适应环境，一般要有 1 个月左右的适应期。②增肉期，一般要持续 7~8 个月，分为前后两期。③催肥期，主要是促进牛体膘肉丰满，沉积脂肪，一般为 7~8 个月。

舍饲强度育肥饲养管理的主要措施有如下几个。

（1）合理饮水与给食。从市场购回断奶犊牛，或经过长距离、长时间运输进行易地育肥的断奶犊牛，进入育肥场后要经受饲料种类和数量的变化，尤其从远地运进的异地育肥牛，胃肠食物少，体内严重缺水，应激反应大。因此，第一次饮水量应限制在 10~20kg，切忌暴饮。如果每头牛同时供给人工盐 100g，则效果更好。第二次给水时间应在第一次饮水后 3~4 小时，此时可自由饮水，水中如能掺些麸皮则更好。当牛饮水充足后，便可饲喂优质干草。第一次应限量饲喂，按每头牛 4~5kg 供给，第 2~3 天逐渐增加喂量，5~6 天后才能让其自由充分采食。

青贮料从第 2~3 天起喂给。精料从第 4~5 天开始供给，也应逐渐增加，而不要一开始就大量饲喂。开始时按牛体重的 5% 供给精料，5 天后按 1%~1.2% 供给，10 天后按 1.6% 供给，过渡到每日将育肥喂量全部添加。经过 15~20 天适应期后，采用自由采食法饲喂，这样每头牛不仅可以根据自身的营养需求采食到足够的饲料，且节约劳力。同时，由于牛只不同时采食，可减少食槽。

（2）隔离观察。从市场新购回的断奶犊牛进行隔离观察饲养。发现异常，及时诊治。

（3）分群。隔离观察结束，按牛的年龄、品种、体重分群，以利育肥。一般 10~15 头牛分为一栏。

（4）驱虫。为了保证育肥效果，对购进的育肥架子牛应驱除体内寄生虫。驱虫可从牛入场第 5~6 天进行，驱虫 3 天后，每头牛口服"健胃散"健胃。驱虫可每隔 2~3 个月进行一次。

（5）合理去势。舍饲强度育肥时可不对公牛去势。试验研究表明，公牛在 2 岁前不去势育肥比去势后育肥不仅生长速度快，而且胴体品质好，瘦肉率高，饲料报酬高。2 岁以上公牛以去势后育肥较好，否则不但不便于管理，且肉脂会有膻味，影响胴体品质。

采用全舍饲、高营养饲养法集中育肥，日增重保持在 1.2kg 以上，周岁时结束育肥，体重达 400kg 以上。

（6）根据肉用品种阉牛生长育肥的营养需求，结合粗饲料资源，配制精饲料。育肥期混合精料配方为玉米75%，油饼类10%～12%，糠麸类10%～12%，石粉或磷酸氢钙2%，食盐1%，混合精料加适量微量元素和维生素。精料日喂量达到3～5kg。

（7）肉牛宜拴系饲养，定量喂给精料、辅助饲料，粗料不限量；自由饮水，冬天饮水温度不低于20℃；尽量限制其活动，保持环境安静。公牛不去势，但要远离母牛圈。

若肥育育成母牛，则日料量较阉牛增加10%～15%。若肥育乳用品种育成公牛，则所需精料量较肉用品种高1%以上。

这种方法生产的牛肉仅次于犊牛肉，而成本较犊牛肥育法低。但该法精料消耗较大，只适用在饲草饲料资源丰富的地方应用。

2. 放牧加补饲强度育肥技术

在有放牧条件的地区，犊牛断奶后，以放牧为主，根据草场情况，适当补充精料或干草的强度育肥方式。要实现在18月龄体重达到400kg这一目标，要求犊牛哺乳阶段，平均日增重达到0.91kg，冬季日增重保持0.4～0.6kg，第二个夏季日增0.9kg。在枯草季节每天每头喂精料1～2kg。

该方法的优点是精料用量少，饲养成本低；缺点是日增重较低。在我国北方草原和南方草地较丰富的地方，是肉牛育肥的一种重要方式。

技术要点如下。

（1）合理分群，以草定群牛群可根据草原、草地大小而定，草场资源丰富，牛群一般30～50头一群为好。放牧时，实行轮牧，防止过牧。一般50头左右一群为好。120～150kg活重的牛，每头牛应占有1.3～2hm² 草场。300～400kg活重的牛，每头牛应占有2.7～4hm² 的草场。

（2）合理放牧。放牧时，牧草在12～18cm 高时采食最快，

10cm以下难以食入。因此春季不宜过早放牧，等草长到12cm以上时再开始放牧，否则牛难以吃饱，造成"跑青"损失。北方牧场每年的5—10月、南方草地每年的4—11月为放牧育肥期。牧草结实期是放牧育肥的最好季节。每天的放牧时间不能少于12小时。最好设有饮水设备，并备有食盐砖块，任其舐食。当天气炎热时，应早出晚归，中午多休息。

（3）合理补饲。不宜在出牧前或收牧后立即补料，应在回舍后过几小时补饲，每天每头补喂精料1~2kg，否则会减少放牧时牛的采食量。对放牧的肉牛饲喂瘤胃素可以起到提高日增重的效果，每日每头饲喂150~200mg瘤胃素，可以提高日增重23%~45%。以粗饲料为主的肉牛，每日每头饲喂150~200mg瘤胃素，也可以提高日增重13.5%~15%。

（4）定期防疫。放牧育肥牛要定期注射倍硫磷，以防牛皮蝇的侵入，损坏牛皮。定期药浴，驱除体外寄生虫，定期防疫。

3. 放牧加舍饲加放牧持续育肥法

此种育肥方法适应于9—11月出生的犊牛。哺乳期日增重0.6kg，断奶时达到70kg。断奶后以喂粗饲料为主。进行冬季舍饲，自由采食青贮料或干草，日喂精料不超过2kg，平均日增重0.9kg。到6月龄体重达到180kg。然后在优良牧草地放牧，平均日增重保持0.8kg，到12月龄可达到320kg左右转入舍饲，自由采食青贮料或青干草，日喂精料2~5kg，平均日增重0.9kg，到18月龄，体重达490kg。

（三）架子牛肥育

架子牛肥育又称后期集中肥育，是指犊牛断奶后，在较粗放的饲养条件下饲养到一定的年龄阶段，然后充分利用牛的补偿生长能力，采用强度育肥方式，集中育肥3~6个月，达到理想体重和膘情时屠宰。这种方式也称为异地育肥。育肥成本低，精料用量少，经济效益较高，在黄牛育肥上广泛应用。

山区、牧区和农区均可充分挖掘草料资源开展架子牛就地育肥。山区、牧区有放牧之利，可生产成本低廉的架子牛；农区有丰富的农副产品，粮食丰裕，有肥育牛的条件。山区、牧区、农区结合发展架子牛异地肥育生产。

1. 架子牛的选择

（1）品种。在相同的育肥条件下，杂交牛的日增重、饲料利用率、肉的质量、屠宰率和经济效益均好于本地牛。首选良种肉牛或肉乳兼用牛及其与本地牛的杂交牛，其次选荷斯坦公牛和荷斯坦公牛与本地牛的杂交后代。我国地方良种牛如鲁西牛、秦川牛、南阳牛等以及它们与外来牛种的杂交后代，都可选作架子牛育肥。

（2）年龄。年龄对肥育牛增重影响很大，最好选择 1~2 岁的牛进行肥育。选择架子牛时应把年龄的选择与饲养计划、生产目的等因素结合起来综合考虑。如计划饲养 3~5 个月出售，应选购 1~2 岁的架子牛；秋天购买架子牛，第二年出栏，应选购 1 岁左右的牛，而不宜购大牛；利用大量粗饲料肥育，选择 2 岁牛较为合适。

（3）去势。不去势公牛的生长速度和饲料转化率高于阉牛，且胴体的瘦肉多，脂肪少。阉牛的增重速度比公牛慢 10%，但阉牛育肥其大理石花纹比较好，肉的等级高。生产一般的优质牛肉最好将公牛在 1 岁左右去势，生产优质高等级切块（如雪花牛肉），应该在犊牛断奶前 5 月龄左右去势。

（4）体重。选购具有适宜体重的牛，在同一年龄阶段，体重越大、体况越好，肥育时间就越短，肥育效果也好。一般杂交牛在一定的年龄阶段其体重范围大致为：6 月龄体重 120~200kg，12 月龄体重 180~250kg，18 月龄体重 220~310kg，24 月龄体重 280~380kg。

2. 新购架子牛的管理

（1）隔离。新购进的牛要隔离饲养 10～15 天，让牛熟悉环境，适应草料。注意观察牛的精神状态、采食情况、粪尿情况。

（2）饮水。肉牛到场休息半小时后再饮水。根据体重大小每头饮水不超过 10kg 左右；第二次可在 3～4 小时后进行。

（3）饲喂。饮水后饲喂青干草，根据体重大小每头 2～5kg，逐渐增加，5 天后自由采食。精饲料一般从第 2～4 天开始饲喂，由少到多，逐渐添加，一般到 15 天时喂量不超过 1～1.5kg。

（4）分群。按年龄、品种、体重分群。每头牛占围栏面积 4～5m^2。

（5）驱虫、健胃、防疫。一周后进行驱虫，一般可选用阿维菌素。驱虫 3 日后，每头牛口服"健胃散" 350～400g 健胃。驱虫可每隔 2～3 个月进行一次。根据当地疫病流行情况，进行疫苗接种。

（6）所有的牛都需打耳标、编号、标记身份。

3. 架子牛肥育方法

架子牛肥育主要有高能日粮强度肥育法、糟渣类农副产品肥育法、青贮料肥育法、氨化秸秆肥育法等。

（1）高能日粮强度肥育法。是一种精料用量很大而粗料比例较小的肥育方法。购进后，第一个月为过渡期，主要是饲料的适应过程，逐渐加大精料比例。第二个月开始，即按规定配方强化饲养，其配方的比例为玉米 65%，麸皮 10%，油饼类 20%，矿物质类 5%。日喂量可达到每 80kg 体重喂给 1kg 混合精料。饲草以青贮玉米秸或氨化麦秸为主，任其自由采食，不限量。日喂两三次，食后饮水。尽量限制运动，注意牛舍和牛体卫生，环境要安静。

（2）糟渣类农副产品肥育法。用酒糟为主要饲料肥育肉牛，是我国肥育肉牛的一种传统方法。酒糟是以富含碳水化合物的小麦、玉米、高粱、瓜干等为原料的酿酒工业的副产品，酿酒过程中只有 2/3 淀粉转变为酒精。酒糟含有酵母、纤维素、半纤维素、脂肪和 B 族维生素。

肥育牛要根据性别、年龄、体重等进行分群，驱除体内、外寄生虫。肥育期一般为 3~4 个月。开始阶段，大量喂给干草和粗饲料，只给少量酒糟，以训练其采食能力。经过 15~20 天，逐渐增加酒糟，减少干草喂量。到肥育中期，酒糟量可以大幅度增加。

日粮组成应合理搭配少量精料和适口性强的其他饲料，特别注意添加维生素制剂和微量元素，以保证其旺盛的食欲。据报道，用酒糟和精料育肥肉牛，可取得较高日增重。酒糟 15~20kg，玉米面 2.5kg，豆饼 1kg，骨粉 50g，食盐 50g，玉米秸（或稻草）2.5kg。中午以饲草为主，添加少量精料，早晚以酒糟、精料为主，育肥肉牛平均日增重可达 1.3~1.65kg。

用豆腐渣喂牛也能取得良好的效果。每日每头牛饲喂豆腐渣 20kg，玉米面 0.5kg，食盐 30g，谷草 5kg，平均日增重可达 1kg 左右。

（3）青贮料肥育法。玉米秸青贮是肥育肉牛的好饲料，再补喂一些混合精料，能达到较高的日增重。

选择 300kg 以上的架子牛，预饲期 10 天，单槽舍饲，日喂 3 次，日给精料 5kg，精料的比例为玉米 65%，麸皮 12%~15%，油饼类 15%~20%，矿物质类 4%。利用青贮玉米秸肥育牛时，随着精料喂量的逐渐增加，青贮玉米秸的采食量逐渐下降，增重提高，但成本增加。

（4）氨化秸秆肥育法。以氨化秸秆为惟一粗饲料，肥育 150kg 的架子牛至出栏，每头每天补饲 1~2kg 的精料，能获得 500g 以上的日增重，到 450kg 出栏体重需要 500 天以上，这是一种低精料、高粗料长周期的肉牛肥育模式，这种模式不适合规模经营要求快周转、早出栏的特点。但如果选择体重较大的架子牛，日粮中适当加大精料比例，并喂给青绿饲料或优质干草，日增重也可达 1kg 以上。

选择体重 350kg 以上的架子牛进场后 10 天内为训饲期，训练采食氨化秸秆。

开始时少给勤添，逐渐提高饲喂量。进入正式肥育阶段，应注意补充矿物质和维生素。矿物质以钙、磷为主，另外可补饲一定量的微量元素和维生素预混料。

秸秆的质量以玉米秸最好，其次是麦秸，最差是稻草。在饲喂前应放净余氨，以免引起中毒。霉烂秸秆不得喂牛。肥育 350kg 架子牛，平均日增重 1kg 以上，至 450kg 体重出栏需 100 天左右的时间。但必须适当补饲精料。精料配合比例是玉米 65%，油饼类 10%~12%，麸皮类 18%~20%，矿物质类 5%，包括磷酸氢钙、贝壳粉、微量元素和维生素预混料、食盐、小苏打等。

（5）放牧及放牧加补饲育肥法。此法简单易行，适宜山区、半农半牧区和牧区采用。1~3 月龄，犊牛以哺乳为主；4~6 月龄，除哺乳外，每日补给 0.2kg 精料，自由采食，同时补给 25g 土霉素，随母牛放牧，至 6 月龄末强制断奶。7~12 月龄，半放牧半舍饲，每天补玉米 500g，促生长添加剂 20g，人工盐 25g，尿素 25g，补饲时间在晚 8 时以后。13~15 月龄放牧吃草；16~18 月龄经驱虫后，实行后期短期快速育肥，即整日放牧，每天分 3 次补饲玉米 1.5kg，尿素 50g，促生长添加剂 40g，人工盐 25g。一般育肥前期每头每日喂精料 2kg。

（四）成年牛肥育

用于肥育的成年牛主要是役用牛、乳牛、肉用母牛群中的淘汰牛。这类牛一般年龄较大，产肉率低，肉质差，经过短期催肥，可提高屠宰率、净肉率，改善肉的味道，提高经济价值。公牛在肥育前 10 天去势。肥育期以 90~120 天为宜。有草坡的地

方，可先行放牧肥育 1~2 个月，再舍饲肥育 1 个月。

肥育期内，应及时调整日粮，灵活掌握肥育期。一般日粮精料配方为玉米 72%，油饼类 15%，糠麸 8%，矿物质 5%。混合精料的日喂量以体重的 1% 为宜。粗饲料以青贮玉米或氨化秸秆为主，任其自由采食，不限量。

三、肉牛出栏期的确定

判断肉牛的适宜出栏期，一般有以下几种方法。

（一）肉牛采食量

在正常肥育期，肉牛的饲料采食量随着肥育期的增加而下降，如下降量达正常量的 1/3 或更少，或日采食量（以干物质为基础）为活重的 1.5% 或更少，则是育肥结束的标志。

（二）肥度指数

利用活牛体重和体高的比例关系来判断，指数越大，肥育度越好。日本的研究认为，阉牛的肥度指数以 526 为佳。

$$肥度指数＝体重（kg）/体高（cm）×100$$

（三）体型外貌

利用肉牛各个部分形态来判断。当牛外观身躯十分丰满，颈显得短粗，鬐甲宽圆，复背、复腰、复臀（总合为双脊梁），全身圆润，关节不明显，触摸颈侧、前胸、脊背、后肋、尾根等处肥大，触感软绵而十分宽厚，同时表现出懒于行走、动作迟缓并出现厌食，表明已满膘，应该及时出栏。

第四节　肉牛的放牧管理

一、放牧饲养的意义

利用草原、林间草地、草山草坡等重要的饲料资源，放牧饲养，可合理利用草场草地，保持生态平衡，防止水土流失。

放牧饲养的好处如下。

（1）降低饲养成本牧草的营养价值比较全面，可以满足牛的基本需要，仅需补饲少量的蛋白质和矿物质饲料，因而降低了饲养成本。

（2）节省劳动力减少舍饲时劳动力和设备的开支，其中包括割草、饲喂、清扫粪便和施肥所花费的劳动力等。

二、放牧行为特点

（一）牛喜食的牧草

（1）喜食牧草。牛在放牧时喜食高大、多汁、适口性优良的草类。禾本科、豆科牧草是牛最喜食的草类。菊科、莎草科、苔属、蔷薇科、十字花科和伞形科等一些草类，也都是牛喜食的草。

（2）不喜食牧草。牛不喜食味苦、气味大、含盐量高的牧草，不喜食粗糙、有茸毛的草类。多数的灌木牛都不喜食。牛在放牧地采食均匀，不大选择嫩草，亦不采食过重，利用后的再生草发育正常。

（3）牛在天然草地放牧时采食牧草种类。家畜在选择牧草时常受心理、生理、机械因素的影响。肉牛在天然草地放牧时采食牧草种类见表7-1。

表7-1　肉牛在天然草地放牧时采食牧草种类　　单位:%

家畜	禾本科或豆科	阔叶杂草	灌木
肉牛	70	15 4	15

（4）草地的利用。禾本科、杂类草-豆科牧草组成的草甸，亚高山及高山草甸都是牛群极喜食的牧草。牛对草原型（针茅、

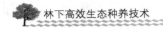

羊茅等）放牧地的利用不及绵羊和马。

能利用荒漠草原，但适于牛群的牧草种类不多，只能利用一些细小的禾草和一部分杂类草如蒿类。

牛也能利用南方草山，一些禾本科芒属牧草，在幼嫩阶段，牛能利用一部分；随牧草老化，利用率降低。

改良后的草地，牛能很好利用。

（二）放牧行为

肉牛的放牧大部分在白天进行，每天行走 3 000~4 000 m，但每天的行走距离随气候、环境、草场情况而有很大差异。放牧时牛体缓慢向前移动，将嘴贴近地面，颈向两侧转动，边走边食，头部与地面呈 60°~90°的角度，采食宽度相当于体宽 2 倍。每天放牧的时间为 4~9 小时，每分钟采食速度（口/分）30~90，平均 50。成年牛每天反刍时间为 4~9 小时，但因个体、日粮类型和采食量而有很大差异。在 24 小时反刍 15~20 个周期，每个反刍期从 2 分钟到 1 小时以上不等。牛的放牧行为见表7-2。

表7-2　牛的放牧行为

行为	数值	
放牧	放牧时间/小时	4~9
	采食总口数/口	25 000
	放牧采食速度/（口/分）	30~90
	采食鲜草量	体重的 10%
	采食干物质量/kg	1.6~2.2
	放牧距离/km	3~4.8
反刍	反刍时间/小时	4~9
	反刍周期数/（次/24 小时）	15~20
	食团数/个	360
	口数/食团	48

（续表）

行为		数值
饮水	日饮水次数/次	14
活动	躺卧时间/小时	9~12
	站立时间/小时	8~9

（三）放牧采食量

牛对牧草采食的选择性较明显，通常会依照体内营养需要调整适当的采食量来满足自身代谢的平衡。不同生产性能和不同生长时期的牛，对草料的需求不同。

一天之内，牛的采食速度也有周期性的变化。开始采食时，采食速度为60~70口/分，随后慢慢地降到30~40口/分。放牧采食量受牧草的高度、密度、牧草生长的一致性、纤维化程度和牧草的叶茎比例的影响。牧草的最适高度为12~18cm，低于或高于此高度多会影响其采食量。牧草高度对牛采食量的影响见表7-3。

表7-3 牧草高度对牛采食量的影响

牧草高度（cm）	每日采食量（kg）	
	鲜草	干物质
20~40	32	7.8
12~20	68	14.1
8~12	41	9.0

随着牧草密度增加，牛每口所咬断的牧草数量也增加，故采食量增加。如果草场中有许多不毛的空间，或具有许多不可食的植物丛，或牧草为粪便覆盖，不能采食，因而会影响牧草采食

量。牧草的纤维化程度越高，需花费较多的时间去嚼碎，因此采食数量减少。另外，随着叶茎比的增加，牛的采食量增大，因牧草多汁，肉牛更喜食。

（四）放牧采食时间

一般情况下，一群牛常成一单位活动，同时进行采食，慢慢移动。牛连续采食牧草时间长短变异大。在草高 20cm 左右时可能采食最长达 30 分钟，在贫瘠草地放牧，行走与啃草总时间延长，反刍时间缩短；茂盛的草地采食频繁使反刍时间延长。

三、放牧管理技术

放牧管理必须合理利用并保护好草场草地，严禁过牧，防止草场退化，保持生态平衡。

（一）最佳载畜量

最佳载畜量是指一定时间内单位面积土地上适宜放牧的动物头数，它不是一个常数，而是随季节、年份的不同而变化。特定草场上适宜的载畜量取决于肉牛饲养者预期的动物生产性能、植被耐受放牧的能力以及草原或牧场的改良目标。

载畜量是指特定时间、特定动物密度且对草场资源不造成破坏的载畜量。

载畜量可以根据下面的公式进行粗略计算：

$$载畜量=\frac{粗饲料年产量×季节利用率}{日平均采食量×放牧季节的长短}$$

许多放牧者使用"动物单位月耗（AUM）"这个概念来估计载畜量。一个 AUM 是指体重 454kg、泌乳力达平均水平以上、其犊牛在 4 月龄前达到 182kg 断奶体重的成年母牛每月消耗的饲料干物质为 308.7kg（表 7-4）。如果母牛体重超过 454kg 或断奶犊牛体重超过 181.6kg，则须对标准 AUM 进行校正。

表 7-4　不同类型肉牛所相当的动物单位（AU）数量

肉牛类型	动物单位
肉牛和犊牛（体重 454kg，泌乳力平均数以上，春季产犊）	1.0
犊牛（春季出生，3~4 月龄）	0.30
后备母牛（24~36 月龄）	1.00
母牛（体重 454kg，非泌乳期）	0.90
周岁犊牛（12~17 月龄）	0.70
断奶牛（<12 月龄）	0.50
周岁公犊牛	1.20
成年公牛	1.50

（二）放牧季节

在牧草生长最旺盛期（此时期产量高、营养价值高）和在牧草成熟期到达之前进行放牧。为了提高草场质量，必须繁衍理想的牧草种类。

进行草地放牧育肥肉牛时，不要过早放牧，因为初春牧草含水量高，含能量低。

（三）分群放牧

为了便于放牧管理，提高草场利用率，应实行分群放牧。可划分公牛、母牛、青年牛和肥育牛等放牧群，牛群的大小一般为 30~50 头较好。

（四）划区轮牧

为合理利用并保护草场，应实行划区轮牧。牧地可分为若干区，小区可划分为 5~6 个，每个小区放牧时间以牛能吃饱而不踩踏草地并以预防寄生虫为原则。轮牧时间与次数应根据当地的草场质量灵活掌握，一般情况下轮牧时间为 5~6 天，次数为 2~4 次，水源充足的好草场轮牧次数可增加到 4~5 次，轮牧周期为 25~30 天或 30~40 天。

有条件时应在草地修建网围栏，可实现有计划轮牧，便于管理牛群，节省人力需要。

（五）放牧时间

尽量让肉牛早出晚归，放牧时间每天要达到 8 小时，中午让肉牛在就近的树荫下反刍，一天让肉牛吃 2~3 次饱。

（六）补饲

应根据当地饲料资源、价格和适口性配制精饲料，要充分利用当地廉价的农副产品。通常能量料占 70%~75%，蛋白料占 25%~30%，盐占 1%~2%。

补饲量一般不超过肉牛体重的 1%，过低达不到快速育肥的目的，过高则影响肉牛在放牧期间对粗饲料的采食，增加饲养成本。补精饲料的时间应在放牧后 2~3 小时进行。

（七）放牧应注意的问题

放牧场地离饲养地不要超过 3km，以利于补料。如果草场太远，应建立临时简易牛舍，在草场或途中应有水源以保证肉牛饮水。

在放牧时要注意补喂食盐，每头成年牛每天补给 30~50g。为弥补放牧肉牛矿物质和微量元素的缺乏，可在牧场放置矿物质舔砖。

根据牧草生长和被采食情况，定期变换放牧地点，保证肉牛吃饱又不出现过牧现象。

第八章　林下养羊技术

第一节　林下养羊场地规划

一、羊场规划设计原则

（1）羊适合放牧群养。羊场周围须有适于放牧的草地，其草质和产量应能满足规模生产及羊场发展。

（2）有良好水源，并有专用饮水场地。

（3）当地历史上未发生过家畜烈性传染病和寄生虫病。

（4）羊舍建筑建在开阔高燥位置，舍围有一定面积供羊群活动和作为补饲场地。

（5）羊场应有剪毛、挤奶、药浴等专用设施和建筑。

（6）场区与放牧场距离适当，并有专用牧道。

二、场址选择

（一）地势高燥、平坦、向阳

羊场地应当地势高燥，向阳背风，排水良好。地下水位以在2m以下，或建筑物地基深度0.5m以下为宜。地面应平坦稍有缓坡，一般坡度在1%～3%为宜，以利排水。山区建场，应选在稍平缓坡上，坡面向阳，总坡度不超过25%，建筑区坡度在2.5%以内。地形应尽量开阔整齐，不要过于狭长或边角过多，这样在饲养管理时比较方便，能提高生产效率。切忌在低洼涝地、山洪水道、冬季风口建场。

（二）草料水的供应

羊场最好有一定的饲草饲料基地及放牧草地。没有饲草饲料基地及放牧草地的，周围应有丰富的草料供给，以降低饲料外购运输成本。以舍饲为主的地区及集中育肥肉羊产区，应建有充足的饲草料生产基地或充足的饲草料来源。

供水量充足，能保证场内职工用水、羊饮水和消毒用水等。水质优良，以泉水、溪水、井水和自来水较理想。水源应无污染、水质良好。水质必须符合畜禽饮用水的水质卫生标准。不要在水源不足或受到严重污染的地方建场。在舍饲条件下，应有自来水或井水，注意保护水源，保证供水。不给羊群喝沼泽地和洼地的死水。

（三）满足饲养品种的特殊需要

肉用种羊场或集中育肥羊场宜建在地势较为平坦、气候温和、饲草料资源丰富及具备屠宰加工条件的地区。气候潮湿地区的羊场应选在中高山区或低山丘陵区建场，以防止腐蹄病和寄生虫的为害。

（四）交通便利

场址选择时场址要求交通便利，考虑物资需求和产品供销，应保证交通方便。场外应通有公路，但不应与主要交通线路交叉。场址应尽可能接近饲料产地和加工地，靠近产品销售地，确保有合理的运输半径。一般羊场与公路主干线的距离不小于500m。

（五）周围疫情

（1）为防止被污染，羊场与各种化工厂、畜禽产品加工厂等的距离应不小于1 500m，而且不应将养羊场设在这些工厂的下风向。

（2）远离其他养殖场。

（3）与居民点有1 000m以上的距离，并应处在居民点的下风向和居民水源的下游。

（六）电力供应

靠近输电线路，以尽量缩短新线敷设距离，并最好有双路供电的条件。通信方便，以便于对外联系。

三、羊场的规划、布局

规范化羊场要分为生活管理区、生产区、草料加工区和隔离区四部分。根据当地全年主导风向和场址地势，由高向低顺序安排管理区—生产区—隔离区。

（一）一般原则

生活管理区应安排在地势较高的上风处，最好能由此望到全场的其他房舍；生产区的羊舍朝向应有利于冬季采光或夏季遮阳；生产用的水塔应设在最高点；青贮塔、饲料仓库、饲料调制室应该靠近生产区。病羊隔离室、贮粪池、尸体坑等应位于羊舍的下风向，以避免场内疾病传播。

生活管理区与羊舍等建筑物距离应较近，方便管理。羊舍通往草料库、牧地等设施的交通也应以方便为宜，但应保持一定距离，以利于防火。

（二）生产区

生产区内建有各种用途羊舍，一般分为种公羊舍、种母羊舍、产房、羔羊和育成羊舍、育肥羊舍等。从方便生产操作角度考虑，种公羊舍应靠近人工采精室，并与种母羊舍保持一定距离；种母羊舍与羔羊舍（或产羔舍）应相邻。羊舍间应有一定距离。

（三）隔离区

病羊隔离室、贮粪池、尸坑应在羊舍下风方向。

（四）防护设施

在生产区、生活管理区及生产区的四周应建有绿化隔离带，以利于改善场区小气候、净化空气、减少尘埃和噪声。不整洁区域应隐蔽或者在其前面种植灌木作为遮掩屏风。围栏、房舍等要经常维修，院落、道路、羊栏等应保持清洁，并定期消毒。净道、污道分开设置。

第二节　林下养羊品种选择

一、引羊前的准备

在引羊前，综合分析当地农业生产、饲草饲料、地理位置等因素，有针对性地考察几个品种羊的特性及对当地的适应性，确定引进山羊还是绵羊，再确定引进什么品种。

（一）确定适宜的品种

黄羊、马头羊适应性好，在平原和平坦丘陵地区饲养不成问题。而在不习惯饲养有色羊的地方，不宜引进黄羊。

波尔山羊、黄羊、萨能羊等价格较贵，本地羊价格较低，有些母羊体型较大，体重可达 30kg 以上，完全可作为理想的母本。可以引进 1~2 只优秀公羊，用本地山羊做母本进行杂交改良、生产。资金充足的养羊户，为提供种羊，可引进良种羊纯种繁殖。

（二）确定引种数量

主要根据资金情况决定引种的数量，引种多，可较快达到计划的羊群规模。如计划达到 50~60 只的饲养规模，可引种 20 只能繁母羊和 1 只公羊，第二年可达预计规模，并能有部分商品羊出栏。养羊数量可从少到多，减少养殖风险。

二、选择适宜的品种

选用杂交品种时，肉羊杂交生产父本品种可以选择：无角陶赛特羊、萨福克、夏洛莱、德国美利奴、特克塞尔羊、杜泊羊、波尔山羊等。

肉羊杂交生产母本品种：选用肉用性能较好、繁殖性能良好的优良品种。如小尾寒羊、乌珠穆沁羊、南江黄羊等。

如果舍饲肉用山羊时，可选择地方优良山羊品种如南江黄羊、成都麻羊、川中黑山羊、川南黑山羊等，引进品种有波尔山羊、努比羊；也可选择杂交种，包括两个或多个山羊品种杂交的后代，如波杂羊、黄杂羊、努杂羊等。

三、引羊时间

春秋两季气温不高不低，天气不冷不热。春秋两季为引羊最适季节，最忌在夏季引种，6—9 月天气炎热、多雨，不利远距离运输。如果引羊距离较近，不超过一天的时间，可不考虑引羊的季节。

四、羊只选购

（一）检查三证

了解该羊场是否有畜牧部门签发的《种畜禽生产许可证》《种羊合格证》及《系谱耳号登记》，三者是否齐全。切不可在疫区引种。

（二）看羊群的状况

通过观察羊群的体型、肥瘦、外貌等状况来判断品种的纯度和健康与否。健康的羊只活泼爱动，两眼明亮有神，被毛有光泽，食欲旺盛，呼吸、体温正常，四肢强壮有力。病羊则被毛粗乱、呆立、食欲不振、呼吸急促、体温升高等。

挑选种羊要根据毛色、头型、角、体型等判断其是否符合品种特征。种羊的外貌体质应结实，前胸宽深，四肢粗壮，皮下脂肪和肌肉组织发达。公羊要头大雄壮，眼大有神，睾丸发育匀称，性欲旺盛；母羊要腰长腿高、乳房发育良好。

（三）看年龄

引种时一定要仔细观察牙齿，判断羊龄大小，以免误引老羊。主要依靠牙齿来判断。山羊共有 32 颗牙齿，其中门齿 8 颗全部长在下颌。羔羊出生后 3~4 个星期，8 个门齿就长齐，这时的牙齿为乳白色，比较整齐，形状高而窄，接近长齿形，称为乳齿，这时的羊则称为"原口"或"乳口"。到 12~14 月龄后，最中央的 2 颗门齿脱落，换上 2 颗较大的牙齿，这种牙齿颜色较黄，形状宽而矮，接近正方形，称为永久齿，这时的羊称为"二牙"或"对牙"。以后大约每年换 1 对牙，到 8 颗门齿全部换成永久齿时，称为"齐口"。所以"原口"指 1 岁以内，"对牙"羊为 1~1.5 岁，"四牙"羊为 1.5~2 岁，"六牙"羊为 2.5~3 岁，"八牙"羊为 3~4 岁。羊 4 岁以后主要根据门齿的磨面和牙缝间隙大小来判断羊龄，5 岁羊的牙齿横断面呈圆形，牙齿间出现缝隙；6 岁时牙齿间缝隙变宽，牙齿变短；7 岁时牙齿更短，8 岁时开始脱落。

（四）加强饲养管理

种羊引进后，应尽量保持或接近原产地的饲养管理方法，做好补饲、防暑、抗寒等工作。

第三节　林下养羊饲养管理技术

林地生态养羊应根据各地不同情况，采取不同的生产方式。如地处山区的养羊户，有较大的放牧场地，广大的疏林山、成片林地均可养羊；地处平原的养羊户，放牧的场地较少，可半牧半舍饲。只有因地制宜选择放牧场地、建设羊舍和进行引种，避免超载过牧、羊舍拥挤和引种不当，才能取得好的经济效益。

一、放牧方式

(一) 自由放牧

自由放牧也叫无系统或无计划放牧，这种放牧是把牲畜赶到较大范围内的草地上，让牲畜自由采食。

简单易行，省工省钱，但缺点包括优良牧草易遭摧残，弃荒率高，浪费严重；放牧频繁，草地退化；难以维持季节内饲草平衡，降低畜产品质量和数量等。自由放牧常用连续放牧、季节放牧等放牧方式。在天然草地和山区草山草坡采用自由放牧较普遍，也可用于人工草地的放牧，但切忌重牧。

(二) 分区轮牧

用竹片、铁丝或用带刺的一些羊不喜食的小灌木等材料将草地分隔划区，有计划地分片放牧羊群，让草场有一定的休闲恢复时间，不致因过牧而遭受破坏。划区最好是利用自然地势条件，如利用 1～2 个山头之间的自然隔离条件或河岸等隔开，这样可节省很多的材料和劳力。

这种放牧方法对草地的利用较为充分合理；可改善植被成分，提高草地生产能力；能防止家畜寄生虫病的传播。在草原和有草山草坡的地区均可采用。

按以下步骤进行分区轮牧。

（1）划定草场，确定载畜量。根据草场类型、面积及产草量，划定草场；结合羊的日采食量和放牧时间，确定载畜量。

（2）划分小区。根据放牧羊群的数量和放牧时间以及牧草的再生速度，划分每个小区的面积和轮牧一次的小区数。轮牧一次一般划定为 6～8 个小区，羊群每隔 3～6 天轮换一个小区。

（3）确定放牧周期。全部小区放牧一次所需的时间为放牧周期。

放牧周期（天）＝每小区放牧天数×小区数

放牧周期的确定主要取决于牧草再生速度。在我国北部地区，不同草原类型的牧草生长期内，一般的放牧周期是：干旱草原30~40天，湿润草原30天，高山草原35~45天，半荒漠和荒漠草原30天。

（4）确定放牧频率。放牧频率是指在一个放牧季节内，每个小区轮回放牧的次数。放牧频率与放牧周期关系密切，主要取决于草原类型和牧草再生速度。在我国北方地区不同草原类型的放牧频率是：干旱草原2~3次，湿润草原2~4次，森林草原3~5次，高山草原2~3次，荒漠和半荒漠草原1~2次。

（5）小区布局。要考虑从任何一个小区到达饮水处和棚圈不应超过一定距离。以河流做饮水水源时可将放牧地沿河流分成若干小区，自下游依次上溯。如放牧地开阔水源适中时，可把畜圈扎在放牧地中央，以轮牧周期为1个月分成4个区，也可划分多个小区；若放牧面积大，饮水及畜圈可分设两地，面积小时可集中一处。

各轮牧小区之间应有牧道，牧道长度应缩小到最小限度，但宽度必须足够（0.3~0.5m）。应在地段上设立轮牧小区标志或围篱，以防轮牧时造成混乱。

（6）放牧方法。参与小区轮牧的羊群，按计划在小区依次逐区轮回放牧；同时要保证小区按计划依次休闲。

二、林地草场的载畜量

不同类型的草场草种和产量相差悬殊。

以1981年的浙江省草场的普查和自然草场的产草量的定点观察结果为例，不同草场的分布、产草情况和载畜能力如下。

（1）疏林类草场，有少量的乔木和成林的灌木，草本植物以芒草、野古草、金茅、野青茅和纤毛鸭嘴草为主，产草量低，平均每亩产鲜草259kg，约需0.486hm² 草地养1只羊（成年羊）。

（2）灌木草丛类草场，灌丛类植物较多，主要有白栎、杜鹃、胡枝子、盐肤木、牡荆、乌药、小果蔷薇、山蚂蝗和小杂竹等，这类草场群落分散，木质多，可食部分少，适宜放牧山羊。平均每亩产鲜草 268kg，需 0.466hm² 草地养 1 只羊。

（3）草丛类草场，植物种类以中禾为主，伴生一定比例的小灌丛。优势品种有芒草、野古草、蕨类、葛藤等中生或偏旱多年生植物，平均每亩产鲜草 383kg，约需 0.333hm² 草地养 1 只羊。

（4）草甸类草场，牧草质量较好，以大米草、牛鞭草、狗牙根、马唐、白茅和芦苇等为主体。平均每亩产鲜草 915kg，每 0.133hm² 草地可养 1 只羊。

（5）附带草场，包括林下草场、农隙地草场和林隙地草场，平均每亩产鲜草 550kg，每 0.233hm²（可利用面积）可养 1 只羊。林下草场每亩产鲜草 483kg，每 0.267hm² 可养 1 只羊。在成片的森林里，树木都已长高，在不过牧的情况下，羊对树木的破坏不大。

据龚玉萱等（1990）报道，林间天然草场载畜量为：会同县七里、小水村现有林间天然草地，平均 2.6 亩可养 1 只羊，为留有余地，防止过牧，实施三区轮牧，4 亩林间草场养 1 只山羊是合理的。据放牧观察，无过牧生态现象。同时还可使林地除木材收入外，每年 4 亩林地可生产出一个羊单位的畜产品，从而大大提高了土地的利用率和生产水平。

三、选择适宜的放牧时期和放牧次数

（一）放牧时期

根据不同草地的牧草生长发育规律，应选择适宜的放牧时期，以利于再生草的生长，产量高，营养丰富。放牧时间不宜过早或过迟。放牧过早，会降低牧草产量，而混播的人工草地中的优良牧草还会逐渐减少，影响产量和质量；放牧过晚，牧草品

质、适口性、利用率和消化率都会降低。一般天然草地的放牧时期，以多数牧草处于营养生长后期时为宜；混播多年生人工放牧草地，当禾本科牧草为拔节期，豆科牧草在腋芽发生期时放牧为宜。

（二）放牧采食高度

放牧后牧草剩余的高度越低，利用牧草越多，浪费越少，但牧草营养物质贮存量减少，再生能力减弱，抗寒能力也会降低，使产草量下降，须根据各类牧草的生物学特性和当地的土壤、气候条件确定适宜的放牧留茬高度。一般放牧留茬高度以 2~5cm 为宜。轮换或混合畜群放牧，能提高载畜量，又可调剂放牧后的牧草留茬高度。

（三）放牧次数

放牧次数是指某一草地，在一年中或牧草营养生育期内放牧的次数。放牧次数过多，牧草再生力弱，优质牧草会减少，草地易退化。必须根据草地牧草的生长发育规律、自然条件，确定适宜的放牧次数。

（四）放牧间隔时间

放牧间隔时间即第一次放牧结束到第二次开始放牧相隔的天数。放牧间隔时间，应根据牧草再生速度而定。当再生速度快，生长繁茂时，间隔的时间一般为 20~30 天；再生速度慢，牧草长势差，则放牧间隔时间应较长，一般为 40~50 天。

四、放牧羊群的组织和队形控制

（一）羊群大小

（1）组群。组织放牧羊群应根据羊只的数量、羊别（绵羊与山羊）、品种、性别、年龄、体质强弱和放牧场的地形地貌而定。

羊数量较多时，同一品种可分为种公羊群、试情公羊群、成年母羊群、育成公羊群、育成母羊群、羯羊群和育种母羊核心群等。

羊数量少，不能多组群时，应将种公羊单独组群，母羊可分成繁殖母羊群和淘汰母羊群。非种用公羊应去势，防止劣质公羊在群内杂交乱配，影响羊群质量的提高。

（2）羊群大小。要根据羊的质量、生产性能和牧地的地形与牧草生长情况来定。一般种公羊群要小于繁殖群，高产性能的羊群要小于低产性能的羊群。地形复杂、植被不好，不宜大群放牧的地区，羊群要小。

在牧区放牧羊群的规模：繁殖母羊牧区以 250~500 只为宜，半农半牧区以 100~150 只为宜，山区以 50~100 只为宜，农区以 30~50 只为宜；育成公羊和母羊可适当增加，核心群母羊可适当减少；成年种公羊以 20~30 只为宜，后备种公羊以 40~60 只为宜。

（二）放牧羊群的队形与控制

为了控制羊群游走、休息和采食时间，使其多采食、少走路而有利于抓膘，放牧时应通过一定的队形来控制羊群。羊群的放牧基本队形主要有"一条鞭"和"满天星"两种。

（1）一条鞭。是指羊群放牧时排列成"一"字形的横队。羊群横队里一般有 1~3 层。放牧员在羊群前面控制羊群前进的速度，使羊群缓缓前进，并随时命令离队的羊只归队，如有助手可在羊群后面防止少数羊只掉队。出牧初期是羊采食高峰期，应控制住带头羊，放慢前进速度；当放牧一段时间，羊快吃饱时，前进的速度可适当快一点；待到大部分羊只吃饱后，羊群出现站立不采食或躺卧休息时，放牧员在羊群左右走动，不让羊群前进；羊群休息反刍结束，再令羊群继续放牧。此种放牧队形适用于牧地比较平坦、植被比较均匀的中等牧场。春季采用这种队形，可防止羊群"跑青"。

（2）满天星。是指放牧员将羊群控制在牧地的一定范围内让羊只自由散开采食，当羊群采食一定时间后，再移动更换牧地。散开面积的大小主要决定于牧草的密度。牧草密度大、产量高的牧地，羊群散开面积小，反之则大。此种队形适用于任何地形和草原类型的放牧地。对牧草优良、产草量高的优良牧场或牧草稀疏、覆盖不均匀的牧场均可采用。

五、四季放牧技术要点

（一）春季放牧技术

（1）躲青拢群，防止跑青。牧草刚萌发，羊看到一片青，却难以采食到草，常疲于奔青找草，增加了体力消耗，导致瘦弱羊只的死亡。啃食牧草过早，将降低其再生能力，破坏植被而降低产草量。所以这时要躲青拢群，放牧要稳，加强对羊群的控制。为了避免跑青，应选阴坡或枯草高的牧地放牧，使羊看不见青草，但在草根部分又有青草，羊只可以青、干草一起采食，此期一般为两周时间。到牧草长高后，可逐渐转到返青早的牧地放牧。

（2）注意羊贪青误食青草而中毒。许多毒草返青早，长得快，幼嫩时毒性强，多生在潮湿的阴坡上，放牧时应加注意。可推迟放牧时间，等毒草长大毒性变小时再放，或等羊在优质牧地吃半饱后，再到有毒草的地带放牧。羊吃半饱后，吃草时选择好草吃，或吃进毒草也会吐出来，空腹放牧的羊饥不择食，便容易吃进毒草且不易吐出来。同时注意放牧随时清除毒草和害草。

（3）春季放牧前要将绵羊尾部和大腿内侧的羊毛剪掉，以免吃青拉稀结成大的粪块影响行动，羊眼周围的长毛也剪掉，便于羊采食；修蹄最好在下雨后或潮湿地带放牧一段时间，待蹄甲变软时修剪。

（4）春季对瘦弱羊只，可单独组群，适当予以照顾；对带仔母羊及待产母羊，留在羊舍附近较好的草场放牧。若遇天气骤变，以便迅速赶回羊舍。

（二）夏季放牧

（1）早出牧，晚收牧，中午天热要休息，延长有效放牧时间。

（2）夏季绵、山羊需水量增多，每天应保证充足的饮水，同时注意补充食盐和其他矿物质。

（3）夏季选择高燥、凉爽、饮水方便的牧地放牧，可避免气候炎热、潮湿、蚊蝇骚扰对羊群抓膘的影响。

（三）秋季放牧

秋季牧草结籽，营养丰富，秋高气爽。气候适宜，是羊群抓油膘的黄金季节。

（1）尽量延长放牧时间，中午可以不休息。做到羊群多采食、少走路。对刈割草场或农作物收获后的茬子地，可进行抢茬放牧，以便羊群利用茬子地遗留的茎叶和籽实以及田间杂草。

（2）秋季也是母绵羊、母山羊的配种季节，要做到抓膘、配种两不误。在霜冻天气来临时，不宜早出牧，以防妊娠母羊采食了霜冻草而引起流产。

（四）冬季放牧

应延长在秋季草场放牧的时间，推迟羊群进入冬季草场的时间。

（1）先远后近，先阴坡后阳坡，先高处后低处，先沟堑地后平地。

（2）严冬时，要顶风出牧，但出牧时间不宜太早；顺风收牧，收牧时间不宜太晚。

（3）注意天气预报，以避免风雪袭击。

（4）妊娠母羊放牧的前进速度宜慢，不跳沟、不惊吓，出入圈舍不拥挤，以利于羊群保胎。

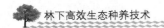

（5）在羊舍附近划出草场，以备大风雪天或产羔期利用。

六、补饲饲料

以放牧为主的绵羊、山羊，全靠放牧采食，不能满足营养需要。加工调制和贮备足够的饲草饲料用于冷季补饲，是提高养羊业生产水平的重要措施之一。

（一）补饲定额

在枯草期，根据羊群放牧采食状况，及时开始补饲，补饲量从少到多直至翌年牧草返青，放牧采食能满足营养需要时为止。补饲量取决于羊群种类、放牧条件及补饲用料种类等。对当年断奶越冬羊羔应重点补饲。对种公羊和核心母羊群的补饲应多于其他种类羊。一般每只羊日补饲 0.5 ~ 1.0kg 干草和 0.1 ~ 0.4kg 混合精料。有条件的应贮备青贮料、干草和秸秆氨化饲料。表 8-1 列出西北地区肉羊及其高代杂种羊补饲定额，供参考。

表 8-1　西北地区肉羊及其高代杂种羊补饲定额

羊别	补饲定额［kg/（只·年）］		
	混合精料	多汁饲料	青干草
种公羊	180~360	105~210	180~360
成年母羊	30~45	75~150	75~15C
育成公羊	27~45	30~45	38~75
育成母羊	15~30	30~45	38~75
羊羔	5~10	—	10~20

（二）补饲饲料的种类

补饲饲料的种类可分为植物性饲料、动物性饲料、矿物性饲料及其他特殊饲料。其中，植物性饲料包括粗饲料、青贮饲料、多汁饲料和精料，对羊特别重要。

要防止感染寄生虫。在肝片吸虫、绦虫、线虫等寄生虫的生活史中，螺、螨、蚂蚁等是中间宿主，这些宿主在潮湿、阴雨、晨露等环境中活动频繁。山羊如采食了寄生虫宿主密度大的饲草，就会感染寄生虫。在早晨和雨天不宜放牧，一般要待露水退去后再把羊群放出去；采割回来的鲜草，也应该晾干后再喂羊；有条件的应该对草地每年进行一次消毒。

七、放牧家畜的供水和水源保护

放牧要保证羊有充分的饮水，在放牧中及时饮水，可以提高羊的食欲，促进采食，有利维持羊的健康，提高其生产性能，并能更好地利用放牧地。

（一）水源

放牧时应保证羊能按时饮上足够的清洁水。清洁的河流、井水和流动的池塘等都是良好的水源。停滞的水或污水，不利于家畜健康。

（二）饮水量、饮水次数

羊的饮水量，一般每天绵羊和山羊需要 3～5kg，羔羊需要 1～2kg。南方一些高山草地因牧草含水量大，夏季绵羊放牧一般不需额外饮水。

饮水次数因家畜种类、气候状况、饲料含水多少而异。春季至少每天饮水 3 次，夏季每天 4 次，最好 2～2.5 小时饮 1 次水。

（三）饮水点的设置

饮水点要便利。如果放牧草地面积大，饮水点不能太少，饮水点的距离不能太远，以免羊因饮水耗费体力太多。

建立饮水点的距离，应以羊饮水往返不觉疲劳、不延误羊的饮水时间来规定饮水半径。

饮水半径应根据品种、年龄、季节及地形等因素而定。乳畜、母畜、幼畜及体弱、病、老畜的饮水半径应短些。冬季和春季饮水半径可以较长。母羊的饮水半径可以为 1.5～2km，2～

2.5km，2.5~3km，幼羊的饮水半径为 1km。在丘陵起伏地区，饮水半径可以缩小 30%~40%。干旱草地，冬季地面有积雪，饮水半径可增长。牧草丰盛，水利条件好的草地，饮水半径可以缩小。

饮水点必须有提供人、畜供水的各种建筑物和设备，包括集水建筑物、提水设备、蓄水池、饮水槽及饮水台等。

八、各类羊群的放牧管理

（一）绵羊群的放牧管理

绵羊毛长、毛细、体肥，在灌木较多，比较陡的山坡和树林中放牧都有困难。而适宜于平坦干燥的草原、平原、丘陵和灌木较少的山区饲养。

夏季绵羊放牧比山羊困难些，主要是因为丘陵山区有高低地势，树木灌木遮阴，天一热，绵羊有扎在阴凉处不跟群的现象。放牧时，要选择阴凉少的牧坡放牧，多采用"满天星"放牧形式。

秋季抢茬时，由于绵羊多吃草和落地树叶，很少损害树木，可以适当地多放一些在茬地，既上膘快又比干坡好放牧。

（二）母羊群的放牧管理

母羊妊娠期，尤其是妊娠后期，放牧管理中要防止流产。春天要尽量避免羊喝消冰水，夏天防止羊吃露水草，秋天、冬天防止羊吃霜草或带冰草。不要让羊啃吃硝盐土。

放牧妊娠后期母羊时要近走、慢走，不要让羊越大沟。放牧时，最好选择平坦坡。

哺乳期母羊可以远牧，但是牧后容易疲乏，归圈后久卧不愿起来奶羔，饲养员要早晚轰一轰，让羊羔吃奶。在这段时间母羊要适当多喂些盐和其他矿物质饲料，促使羊羔长得快，母羊体质恢复快。

哺乳期的母羊消耗水分多，每天要让母羊饮足水。

刚断奶时母羊、羊羔要相隔远些放牧和住圈。相距近了，相互鸣叫不安，影响采食和休息。

（三）公山羊群的放牧管理

种公山羊胆大，活跃，放牧时口令要厉声高喊，使它有所畏惧，才听从指挥。

公山羊在秋枯至跑青阶段喜啃臭椿树、杨树、榆树等的树皮和嫩枝，这时放牧要防止羊啃树。平时放牧要选树叶多的地方。无论何地有啃树的都要用示意口令驱赶，不能让羊随便啃，这样长期调教羊就不啃树了。

公羊经常出观爬跨现象。为了防止公羊爬跨，在公羊体壮时要多走路，放远坡，近坡留给其他羊群。被爬跨的多是在种公羊群中的羯羊或外群并来的羊。不要晚上并群，要早晨出牧时并群，可防止被爬跨。

九、林地、果园生态养羊注意事项

（一）处理好林牧矛盾

（1）统一规划放牧区，严禁幼林和农作区放牧。

（2）集中更新营林，实行成片造林，尽量减少幼林地与中、成林地的插花分布。

（3）采用林下放牧时，幼林在管理过程中，必须把主干1.5m以下的枝条和萌条修剪掉，促进幼林高生长和径生长，避免山羊以枝做踏脚攀高采食树叶，压断树木造成林木的毁坏。当幼林长高到1.5m、胸径达2.5cm以上，主干坚挺直立时便可以林下放牧。

（二）采取措施，保护林木

（1）有固定专人跟牧放养，并注意训练好"头羊"，可防止山羊破坏幼林，又可明显提高经济效益。

在有专人跟牧的情况下，羊破坏牧地周围的幼林也是完全可以避免的。而羊群喜选食的藤本植物和林下再生灌丛枝叶，有利于林木生长。

（2）羊有损树的，立即阻止，就能养成羊不损树的习惯。损树情况山羊比绵羊多见，放山羊时更应注意看管好。

（3）选留不损树的种公羊。一般公山羊爱啃树又爱用羊角蹭树，并且爱吃幼树枝叶，损坏幼树。可以注意选留不损树的公山羊，选留无角公山羊或给幼公羊去角。及时阉割不做种用的公羊。

（4）把羊喜欢啃的臭椿、柳树等和路旁田边植树，秋后落叶时用羊粪水（七份羊粪三份黄土加水搅拌成粥状），把羊能够啃到的树干都刷上，羊就不啃了。

（5）栽植羊不吃的树种桐树、核桃树、花椒树的枝叶、树皮羊一般都不吃。

（三）试验报道

龚继萱等"林间天然草场养羊效果观察"试验结果显示，在林间天然草场采用放牧，不补料的方式饲养，每天下午放牧4小时左右。据称重和观察，林间天然草场牧养会同县本地扁角山羊，能满足羊体生长发育需要，前期增重较快，8月龄左右为最佳出栏时间，适宜于当年育肥出栏，减少越冬存栏羊只，避开严冬枯草期。一般饲养8个月左右，体重达到25~30kg时出栏，由于饲养时间较短，肉质细嫩。瘦肉率高，脂肪少，膻味小，备受消费者欢迎。扁角山羊，放牧于林间天然草场，其繁殖性能表现良好，据25头经产母羊统计，包括该母羊年初所生母羔羊产仔数在内，年繁殖系数为1:4。羊羔成活率高。

参考文献

［1］ 张佰顺．林下经济植物栽培技术［M］．北京：中国林业出版社，2009.

［2］ 李金海，史亚军．林下经济理论与实践［M］．北京：中国林业出版社，2009.

［3］ 章泳，方贵平．林农间作高效种植模式［M］．南京：东南大学出版社，2006.

［4］ 何方，胡芳名．经济林栽培学［M］．北京：中国林业大学出版社，2004.

［5］ 李文臣，栗元周．农区林业经济［M］．北京：中国林业大学出版社，1983.

［6］ 李克亮，等．林业经营形式［M］．北京：经济科学出版社；1988.

［7］ 刘继军，贾永全．畜牧场规划设计［M］．北京：中国农业出版社，2008.

［8］ 颜培实，李如治．家畜环境卫生学［M］．第4版．北京：高等教育出版社，2011.

［9］ 李如治．家畜环境卫生学．第3版［M］．北京：中国农业出版社，2003.

［10］ 包军．家畜行为学［M］．北京：高等教育出版社，2008.

［11］ 全国畜牧总站．百例畜禽养殖标准化示范场［M］．北京：中国农业科学技术出版社，2011.